Schlussbericht

zu dem IGF-Vorhaben

Kontinuierliche Herstellung dreidimensionaler faserverstärkter Multistegplatten mit pinverstärkten Sandwichkernen (KoMP)

der Forschungsstelle

Faserinstitut Bremen e.V.

Das IGF-Vorhaben 17846 N/1 der Forschungsvereinigung Textil wurde über die

im Rahmen des Programms zur Förderung der Industriellen Gemeinschaftsforschung (IGF)

vom

aufgrund eines Beschlusses des Deutschen Bundestages gefördert.

Bremen, 30. August 2016

Bibliografische Information der Deutschen Nationalbibliothek:
Die Deutsche Nationalbibliothek verzeichnet diese Publikation in der
Deutschen Nationalbibliografie; detaillierte bibliografische Daten sind im
Internet über http://dnb.d-nb.de abrufbar.

Die **Forschungsberichte aus dem Faserinstitut Bremen**
erscheinen in unregelmäßiger Folge.
Herausgegeben vom
FASERINSTITUT BREMEN e.V. — FIBRE —
Am Biologischen Garten 2
D-28359 Bremen

Der vorliegende Band erscheint als Nr. 54 dieser Reihe.

Autor: Dipl.-Ing. Ralf Bäumer
Titel: Kontinuierliche Herstellung dreidimensionaler faserverstärkter
            Multistegplatten mit pinverstärkten Sandwichkernen (KoMP)

Herstellung und Verlag: BoD - Books on Demand, Norderstedt.

ISBN 978-3-7431-0217-0
ISSN 1618-7016

Zusammenfassung der Ergebnisse zum AiF-Forschungsvorhaben 17846 N/1

„Kontinuierliche Herstellung dreidimensionaler faserverstärkter Multistegplatten mit pinverstärkten Sandwichkernen"

(KoMP)

Das Ziel des Forschungsvorhabens KoMP war die Entwicklung einer PRTM-Prozesskette zur kontinuierlichen Herstellung von dreidimensionalen faserverstärkten Multistegplatten mit pinverstärkten Sandwichkernen. Damit sollen zukünftig geschlossene mehrwandige Sandwichstrukturen auf Basis textiler Halbzeuge vollautomatisiert und damit kosteneffizient sowie ressourcenschonend und in hoher Qualität gefertigt werden können. Diese dreidimensionalen Hochleistungsstrukturen können im Schadensfall große Mengen Energie aufnehmen und u.a. als automobile Crashstruktur genutzt werden. Es wird eine Reduktion der Fertigungskosten von 30 % gegenüber konventionellen Prozessen zur Faserverbundherstellung erwartet.

Die Forschungsarbeiten erfolgten am Beispiel einer industrienahen Demonstratorgeometrie. Diese war angelehnt an eine automobile crashgefährdete Seitenschwellerstruktur, die mit Unterstützung des projektbegleitenden Ausschusses (PA) festgelegt wurde. Zur kontinuierlichen Herstellung dieser Multistegstruktur in Faserverbund-Sandwichbauweise mit pinverstärkten Schaumkernen wurde die PRTM-Technologie weiterentwickelt, um den Herausforderungen des komplexen mehrwandigen Profils gerecht zu werden. Im Fokus standen dabei die kontinuierlichen Prozesselemente des Vorformens der trockenen textilen Halbzeuge sowie der Kombination mit einem pinverstärkten Schaum, die Imprägnierung des Faser-Schaum-Preforms sowie im Anschluss daran die Konsolidierung der imprägnierten komplexen Profilstruktur in einer getaktet arbeitenden RTM Presse.

Mit dem beschriebenen Verfahren wurden erfolgreich Demonstratorbauteile gefertigt. Der PRTM Prozess stellte sich als sicher und stabil heraus. Die Durchtränkung der gepinnten Schäume, auch im Innenbereich der Konstruktion, war gewährleistet. Nach eingehender Analyse der Bauteile ergeben sich noch Verbesserungspotenziale bei der Einhaltung des Faservolumengehaltes und der Formstabilität. Die spezifische Energieaufnahme der Multistegplatten konnte gegenüber unverstärkten Schäumen mehr als verdoppelt werden.

Mit der entwickelten Prozesskette lassen sich zukünftig erstmals hochbelastbare Multistegprofile mit zusätzlichen Verstärkungselementen wie pinverstärkten Schaumkernen kontinuierlich verarbeitet. Um eine Anwendung dieser Strukturen als Energieabsorber im Crashfall zu evaluieren, wurden neben weiteren mechanischen Untersuchungen, Crashversuche an Demonstratoren durchgeführt.

Das Ziel des Forschungsvorhabens wurde erreicht.

Danksagung

Das IGF-Vorhaben „Kontinuierliche Herstellung dreidimensionaler faserverstärkter Multistegplatten mit pinverstärkten Sandwichkernen" (KoMP, IGF-Nr. 17846 N/1) der Forschungsvereinigung Forschungskuratorium Textil e.V., Reinhardtstraße 12-14, 10117 Berlin wurde über die AiF im Rahmen des Programms zur Förderung der industriellen Gemeinschaftsforschung und – Entwicklung (IGF) vom Bundesministerium für Wirtschaft und Energie aufgrund eines Beschlusses des Deutschen Bundestages gefördert. Dafür möchten wir an dieser Stelle herzlich danken.
Darüber hinaus gilt unser Dank den beteiligten Projektpartnern und den Mitgliedern des Projekt begleitenden Ausschusses für die gute Zusammenarbeit und die Unterstützung bei den Forschungsarbeiten.
Der Schlussbericht kann beim Faserinstitut Bremen e. V. (FIBRE) ausgeliehen werden.

Gefördert durch:

Bundesministerium
für Wirtschaft
und Energie

aufgrund eines Beschlusses
des Deutschen Bundestages

Inhalt

1. Einleitung

Faserverbundstrukturen verfügen gegenüber metallischen Komponenten auf Grund der hohen spezifischen Festigkeit und Steifigkeit über ein großes Leichtbaupotenzial, welches im Flugzeugbau und zunehmend auch im Automobilbau genutzt wird. Besonders im Hinblick auf eine steigende Nachfrage nach Elektromobilität lassen sich durch gezielte Leichtbaumaßnahmen Fahrzeugreichweiten deutlich erhöhen. Um dieses Potenzial vollständig und wirtschaftlich auszuschöpfen, werden zunehmend komplexe, integrale Faserverbundbauweisen angestrebt, um damit insbesondere metallische Komponenten zu substituieren.

Hoch integrale Strukturen wie z.B. Multistegplatten verfügen über eine hohe Biege- und Torsionssteifigkeit, sind schall- und wärmedämmend und können ausgelegt werden, um im Schadensfall große Mengen Energie zu absorbieren. Auf Grund dieser Eigenschaften sind diese Strukturen für Anwendungen im Fahrzeugbau, im Gebäudebausektor oder Schiffbau vielseitig einsetzbar. Abbildung 1 zeigt eine generische Geometrie einer Multistegplatte.

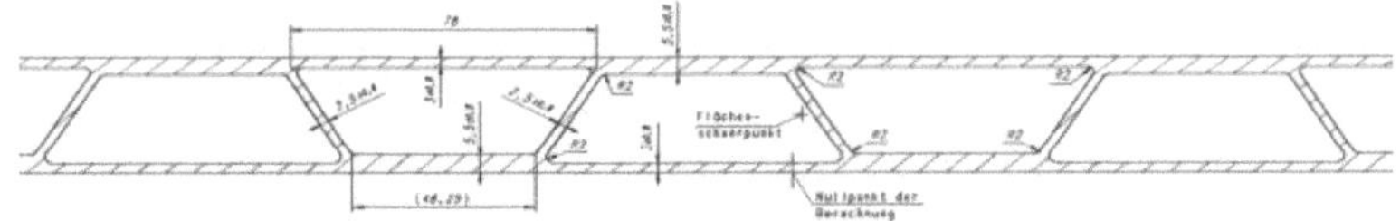

Abbildung 1: Querschnittansicht einer generischen Multistegplatte

Der Einsatz von Strukturen aus FVK in Großserien scheitert jedoch häufig an ihren Herstellungs- und Materialkosten. Um Bauteile aus diesem Werkstoff zu konkurrenzfähigen Kosten fertigen zu können, muss der Herstellungsprozess weitgehend automatisiert sein und eine geringe Zykluszeit aufweisen. Weiterhin müssen die Materialkosten minimiert und dabei alle mechanischen, thermischen und chemischen Anforderungen erfüllt werden (vgl. [FLEM96], [EHR06], [HER03] und [SCH06]).

Bei der Fertigung von faserverstärkten Bauteilen mit duromerer Matrix werden in der textilen Prozesskette produktspezifische Vorformlinge eingesetzt, welche aus den Verstärkungsfasern aufgebaut sind. Durch Injektions- oder Infusionsverfahren werden die Vorformlinge mit Harz durchtränkt und anschließend zum fertigen Bauteil ausgehärtet. Diese diskontinuierlich ablaufenden Prozesse zur Herstellung von Faserverbundstrukturen führen in Abhängigkeit von der Komplexität der Struktur zu teils großem Aufwand. Vorformlinge auf Basis von z.B. multiaxial verstärkten Gelegen bieten eine kostengünstige Alternative zu dreidimensionalen Textilien und Prepreg (von engl. preimpregnated = vorimprägniert) Halbzeugen. In Kombination mit pinverstärkten Schaumkernen lassen sich diese Halbzeuge nutzen um dreidimensional verstärkte Strukturen mit hohem Energieabsorptionsvermögen zu generieren, die im Gegensatz zu heutigen Fertigungsansätzen zudem eine kontinuierliche Verarbeitung zu Multistegplatten erlauben. Solche Strukturen können zukünftig zu einem erweiterten Absatz technischer Textilien u.a. in der Automobilindustrie für Elemente des Fahrgastkäfigs wie z.B. Pkw Seitenschwellerstrukturen führen.

Zur Herstellung von Profilbauteilen aus faserverstärkten Kunststoffen ermöglicht das Pultrusionsverfahren einen kostengünstigen, schnellen und vollständig automatisierten Prozessablauf. Jedoch ist durch stationäre Werkzeuge zur Formgebung die Gestaltung der Bauteile stark eingeschränkt. Das RTM Verfahren ermöglicht eine hervorragende Bauteilqualität und erhebliche Freiheitsgrade bei der Bauteilgestaltung, dies ist jedoch für viele Industriezweige zu zeitaufwändig und kostenintensiv.

Mit der Kombination des Pultrusions- und des RTM-Verfahrens steht ein neuartiger hybrider Prozess zur Verfügung, mit dem kontinuierlich komplexe Profile in hoher Qualität hergestellt werden können. Diese Technologie ist bisher jedoch beschränkt auf eine Herstellung offener, gerader und dünnwandiger Profile.

Strukturen zur Energieabsorption im Automobilbau

Im Personenverkehr gilt es generell einen Insassenschutz durch eine entsprechend geschützten Fahrgastraum mit einer minimalen Beschleunigung der Insassen bei einem Unfallereignis zu gewährleisten. Verschiedene Crashzonen unterliegen dabei unterschiedlichen Regularien. Gemäß den Richtlinien der National Highway Traffic Association (NHTA) und dem European New Car Assessment Programme (Euro NCAP) muss z.B. eine Seitenschwellerstruktur bei verschiedenen Unfallszenarien eine ausreichende Integrität der Fahrgastzelle und damit einen Schutz der Insassen gewährleisten. Neben einem Seitenaufprall mit einer verformbaren Barriere zur Simulation eines Aufpralls eines Fahrzeugs ist ein seitlicher Pfahlaufprall von besonderer Bedeutung ([NHT98], [NCA12], [FER10]). Abbildung 2 zeigt eine Testkonfiguration des Euro NCAP für einen seitlichen Pfahlaufprall. Ein steifer Pfahl trifft mit 29 km/h auf Höhe der Beifahrertür mit einem Winkel von 90° auf ein Testfahrzeug ohne dessen A- oder B-Säule zu treffen ([NHT98], [NCA12]). Im Gegensatz zum seitlichen Fahrzeugaufprall tritt durch den geringen Pfahldurchmesser zunächst eine lokale Belastung insbesondere der Seitenschwellerstruktur auf bevor der Pfahl tiefer in die Fahrgastzelle vordringen kann.

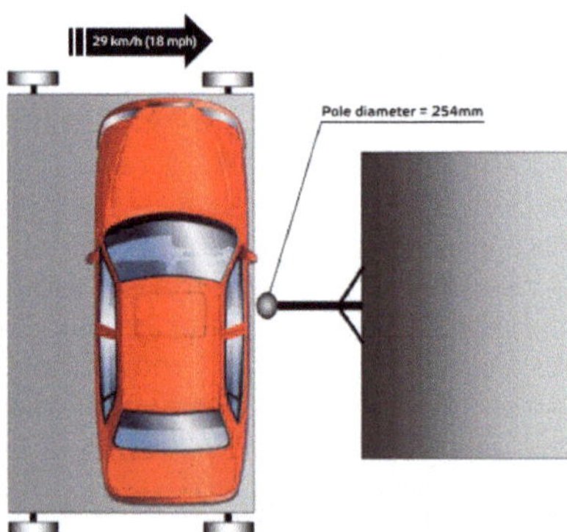

Abbildung 2: Versuchsaufbau seitlicher Pfahlaufprall des NCAP [NCA12]

Bemessen am Energieaufnahmevermögen zeigen sich rohrförmige Strukturen unabhängig vom eingesetzten Werkstoff unter axialer Last als besonders günstige Geometrie im Vergleich zu offenen Profilquerschnitten ([FER09], [ALG00], [SAD84]).

Dabei findet bei metallischen Energieabsorbern in der Regel eine Umwandlung durch plastische und elastische Verformung statt. Im Falle von insbesondere hochfesten Legierungen bieten diese durch eine hohe Härte einen entsprechenden mechanischen Widerstand gegen ein lokales (punktuelles) Eindringen eines Körpers. [ALG00]

Beanspruchungsgerechte Faserverbundstrukturen ermöglichen durch Eigenschaften wie einer hohen spezifischen Steifigkeit und Festigkeit sowie einem hohen Energieaufnahmevermögen eine besondere Eignung für Crash relevante Anwendungen und unterstützen zudem Leichtbauerfordernisse heutiger Automobile ([FER09], [JAC02]). FV-Strukturen nutzen ein sukzessives Kollabieren der Struktur. Eine Energieumwandlung findet durch eine Abfolge von Zerstörungsmechanismen wie Faserbrüche, Rissbildung in der Matrix, Faser-Matrix Ablösungen und Delaminationen statt ([FER09], [JAC02]). Auf Grund einer geringen Festigkeit der Matrix weisen FV jedoch nur einen geringeren Widerstand gegen hohe punktuelle Belastungen auf. Eine solche Herausforderung ist daher konstruktiv durch eine zusätzliche Verstärkung in Lastrichtung zu lösen.

Darüber hinaus müssen Seitenschweller zum Gesamttragwerkskonzept heutiger Automobile beitragen. Abbildung 3 veranschaulicht vereinfacht übliche Betriebslasten. Neben einem hohen Energieaufnahmevermögen quer zur Fahrtrichtung muss eine Seitenschwellerstruktur eine hohe Biege- und Torsionssteifigkeit aufweisen [SCH07]. Eine Anbindung an die Karosserie kann insbesondere für FV über flächige kraftschlüssige Verbindungen an A-, B- bzw. C-Säule erfolgen.

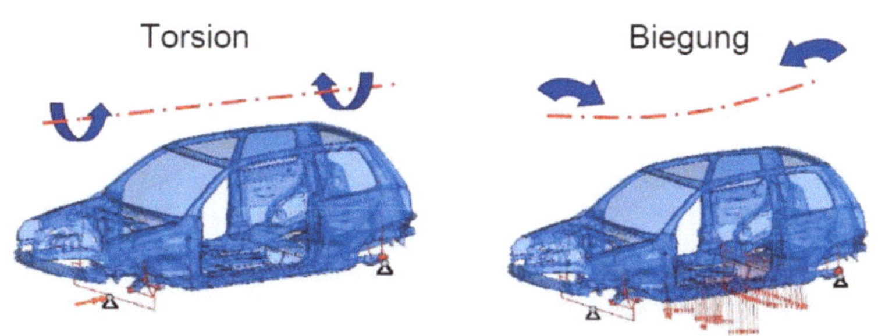

Abbildung 3: Belastungen einer Pkw Karosserie [SCH07]

Seitenschweller einer heutigen Fahrzeuggeneration sind üblicherweise metallische Hohlprofile basierend auf hochfesten Stahllegierungen. Dabei ist ein zunehmender Einsatz von Elementen zur Verstärkung in Fahrzeugquerrichtung zu verzeichnen. So wird zunehmend eine Verwendung z.B. von (Metall)-Schäumen oder Multistegstrukturen untersucht ([SMI12], [SHA07], [KIM02], [JAN09], [SAN98]). Dabei bestehen sowohl für metallische als auch FVW Crashabsorber diverse Untersuchungen zu axial belasteten Konstruktionen mit z.B. zylindrischen, konischen und weiteren Querschnittsgeometrien. Eine kontinuierliche Fertigungstechnologie für z.B. Faserverbund-Seitenschweller, die eine automatisierte Herstellung solcher integralen dreidimensionalen Strukturen gewährleistet, ist bisher nicht realisiert.

Faserhalbzeuge und Preforms

Eine beanspruchungsgerechte Auslegung, d.h. eine optimale Werkstoffausnutzung ist eine Voraussetzung für einen Einsatz von Verbundwerkstoffen, leichtere Bauweisen und eine Substitution metallischer Komponenten. Während des textilen Vorformens ist es bereits in einem frühen Prozessstadium möglich, das Fasergerüst an die räumlichen Kraftflüsse anzupassen. Bei komplexen Bauteilbeanspruchungen, die durch z.B. (punktuelle) Stoßbelastungen hervorgerufen werden, lassen sich die vorteilhaften Werkstoffeigenschaften der Verstärkungsfasern mit offenen Profilen häufig nicht vollständig ausnutzen. Deswegen finden zunehmend integrale geschlossene Strukturen Anwendung. Bei einer beanspruchungsgerechten Faserorientierung können solche Bauteile bei einem Aufprall durch eine angepasste Bauweise Bewegungsenergie in mechanische Energie und Wärmeenergie (durch sukzessives Kollabieren der FV-Struktur) umwandeln, d.h. sie weisen ein hohes Energieaufnahmevermögen auf.

Es können verschiedene textile Halbzeuge zur Herstellung von Multistegpreforms genutzt werden. Verwirkte, gestrickte, geflochtene und gewebte dreidimensionale Textilien bieten z.B. eine kontinuierlich und endkonturnah Vorkonfektionierung als Ausgangsmaterial. Diese dreidimensionalen Vorformlinge weisen jedoch häufig eine kostenintensive Halbzeugherstellung bzw. Einschränkungen in der Faserorientierung auf.

Durch eine Verbindung zwischen Ober- und Untergewebe in Form eines Stegs können dreidimensionale Gewebe hergestellt werden. Abstand und Höhe der Stege sowie eine Neigung der Stege sind in begrenzten Bereichen einstellbar [ABO10]. Dabei können verschiedene Kett- und Schussfadenmaterialien parallel verarbeitet werden [SFB11]. Nachteilig zeigt sich laut [BAN01] eine kostenineffiziente Fertigung solcher Preforms. Diese gilt es in Zukunft unter Berücksichtigung von z.B. einer zunehmenden Geometrievielfalt, Integration von Funktionselementen und Verringerung einer Faserschädigung beim Herstellungsprozess zu verbessern [ABO10].

Das Flechten als Technologie zur kontinuierlichen Herstellung dreidimensionaler textiler Strukturen bietet ebenfalls Halbzeuge für integrale Multistegstrukturen an. Gelfechte verfügen über ein hohes Formanpassungsvermögen, eine gute Drapierbarkeit und können endkonturnah bereitgestellt werden [MOU99]. Zudem weisen Geflechte einen Widerstand gegen Delaminationen auf und verfügen über ein hohes Energieabsorptionsvermögen. Nachteilig zeigt sich eine Begrenzung der möglichen Verstärkungsrichtung besonders in Umfangsrichtung und darüber hinaus eine Vielzahl an Faserondulationen. Jedoch lassen sich Herstellungskosten von Geflechten auf Grund kontinuierlicher Handhabung und des geringeren Verschnitts zukünftig zunehmend reduzieren [BAN01].

Durch ein Vernähen textiler Halbzeuge lassen sich ebenfalls komplexe Multistegprofile herstellen. Neben einer möglichen Materialschädigung durch das Durchstechen von Halbzeugen mit einer Nähnadel und Problemen beim Durchstechen dicker Strukturen, erfordern dreidimensionale Strukturen Roboter gestützte automatisierte Anlagen zum individuellen Vernähen von Halbzeugen mit einer Vielzahl von Nadeln. Eine solche anlagentechnische Weiterentwicklung ist ausstehend ([MOU99], [ABO10]).

Als eine weitere Möglichkeit zur kontinuierlichen Herstellung von textilen Multisteghalbzeugen können Gestricke als endkonturnahe Preforms bei gleichzeitig guter Drapierbarkeit genutzt werden. Dabei kann eine hohe Geometrievielfalt durch die Stricktechnologie abgebildet werden. Zur Verarbeitung von Hochleistungsfasern lassen sich bestehende Strickmaschinen modifizieren und eine automatisierte Herstellung von dreidimensionalen Gestricken realisieren. [BAN01]

Komplexe gestrickte Strukturen weisen auf Grund einer Vielzahl ondulierter Fasern geringere mechanische Eigenschaften wie Steifigkeit und Festigkeit im Vergleich zu textilen Halbzeugen mit hohem Anteil an gestreckten Fasern auf. Neben z.B. verwebten oder gestrickten Faserhalbzeugen (sowohl zwei- als auch dreidimensional) zeigen sich multiaxial verstärkte Gelege (MAG) als besonders kosteneffizient herstellbare textile Halbzeuge. Zudem bieten MAG eine belastungsgerechte Anordnung der Verstärkungsfasern auf Grund eines hohen Anteils an gestreckten Fasern. Verschiedene Faserorientierungen können in der Ebene realisiert werden. Abbildung 4 zeigt einen möglichen Lagenaufbau für eine Multistegstruktur. Zur Steigerung mechanischer Eigenschaften können Sandwichkerne in die Hohlkammern integriert werden. Nachteilig zeigt sich eine Anbindung der Deckschichten an die Kerne, die lediglich über einen polymeren Matrixwerkstoff gewährleistet wird. Eine Faserverstärkung in Dickenrichtung des Bauteils ist nicht gegeben.

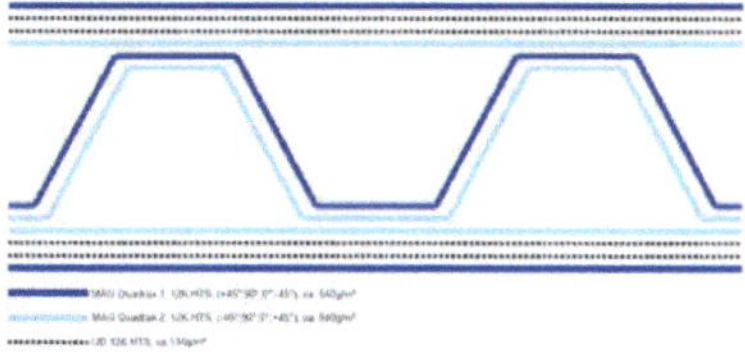

Abbildung 4: Integrale Multistegstruktur auf Basis von MAG

Eine Verstärkung von Sandwich Kernmaterial ist durch eine gezielte Fasereinbringung (sog. Pins) möglich. Es wird dabei zwischen zwei Kategorien unterschieden. Zum einen eine Verstärkung durch pultrudierte Pins, zum anderen eine nähtechnische Einbringung von Pins in einen Schaum mit anschließender Harzinfiltration ([STA01], [POT03]). Letzteres ermöglicht bei Verwendung eines Systems mit mehreren Nadeln einen hohen Materialausstoß und kann damit sehr kosteneffizient genutzt werden. Abbildung 5 zeigt verschiedene Strukturen mit pinverstärkten Schäumen.

Abbildung 5: Pinverstärkte Sandwichstruktur (links), Pinverstärkte Kunststoffschaumplatte (rechts) [Quelle: Endres]

Es lässt sich auf diese Weise eine Anbindung der textilen Decklagen erreichen. Dies sorgt für eine Verbesserung der mechanischen Eigenschaften des Faserverbunds in Sandwichbauweise. Belastungsgerecht orientierte Pins ermöglichen sowohl eine Erhöhung der Biege-, Schubsteifigkeit und der Schlagzähigkeit als auch einem erhöhten Widerstand der Decklagen gegen Beulen. Gleichzeitig werden bei axialer Belastung die Pins durch den Schaum seitlich gestützt und eine kritische Knicklast erhöht. Bei einer axialen Belastung kollabieren Verstärkungspins im Idealfall sukzessive auf Grund von verschiedenen Bruchmechanismen. Auf diese Weise kann ein hohes Maß an Bewegungsenergie umgewandelt werden. Eine Pindichte kann je nach verwendeter Anlagentechnik variiert werden.

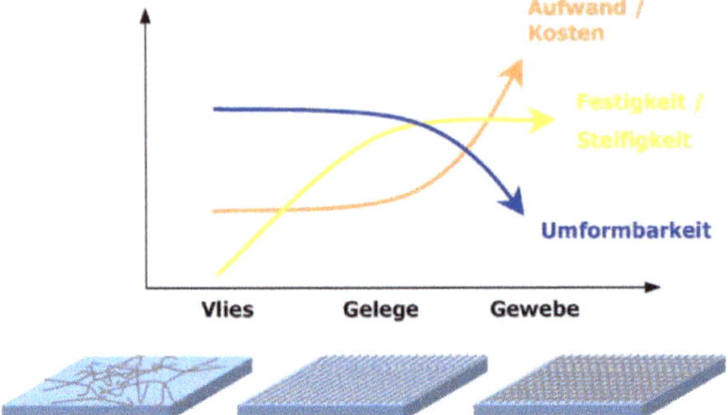

Abbildung 6 veranschaulicht Vorteile der Nutzung von Gelege Halbzeugen im Vergleich zu Geweben und Vliesen. Gelege zeichnen sich dabei besonders durch kosteneffiziente Fertigungsprozesse bei hohen erreichbaren mechanischen Eigenschaften in einem Faserverbund aus.

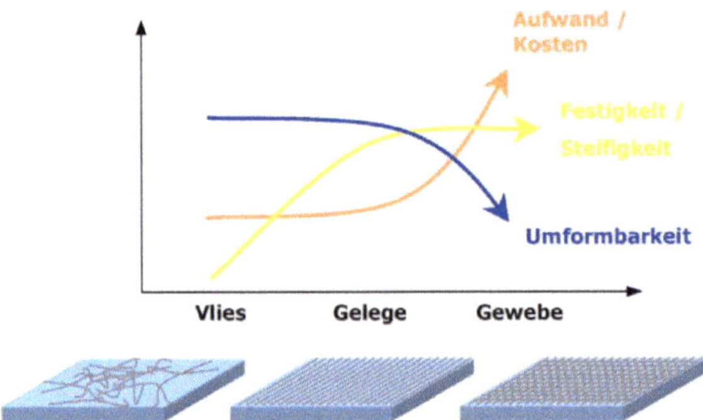

Abbildung 6: Vergleich textile Halbzeuge [BER]

Verschiedene Untersuchungen beschäftigen sich mit der Analyse von faserverstärkten Sandwichkonstruktionen mit einer zusätzlichen Pinverstärkung und deren mechanischen Eigenschaften. Besonders das Energieaufnahmevermögen ist von großem Interesse (vergleiche [LAU05], [LAS10], [WAN10], [POT03], [LON09], [LAS06], [HEN10]).
Eine solche Kombination von MAG und Sandwichkernen sowie deren Pinverstärkung im Hinblick auf Multistegprofile ist bisher nicht untersucht und nicht in einem kontinuierlichen Prozess herstellbar. Eine automatisierte Pineinbringung in einen Sandwichschaum zeigt Abbildung 7.

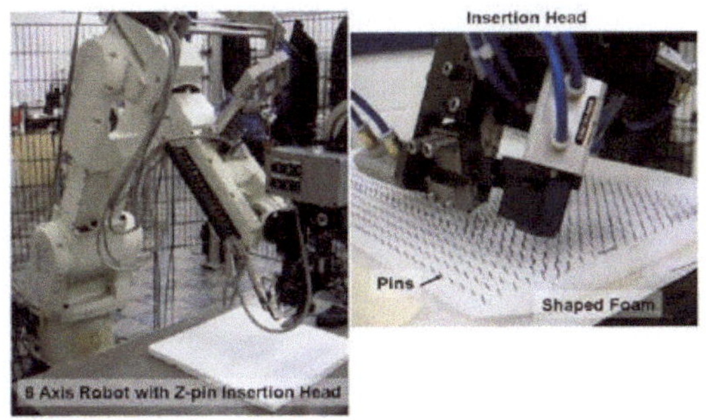

Abbildung 7: Robotergestützte Einbringung von Trockenfaser Pins in ein Sandwichschaum [CAS05]

Firmen wie WebCore Technologies Inc, Ebert Composites, SAERTEX GmbH und Acrosoma NV bieten bereits glasfaserverstärkte Sandwichstrukturen an, deren Schaumkern mit zusätzlichen Fasern in Dickenrichtung versehen ist (vergleiche [BER03] und [EBE12]). Diese können in entsprechenden Nassverfahren weiterverarbeitet werden.

Fertigung von duromeren FVK

In der textilen Prozesskette finden produktspezifische Vorformlinge Anwendung, welche aus den Verstärkungsfasern aufgebaut sind und während des Bauteilentstehungsprozesses mit einem duromeren Kunststoff benetzt werden. Sowohl Prepreg-Verfahren als auch Nassverfahren erfordern eine Vorkonfektionierung der textilen Halbzeuge und eine Bestückung der Aushärtewerkzeuge mit Fasermaterial. Besondere flächige textile Halbzeuge wie Gelege und Gewebe müssen individuell zugeschnitten und in entsprechende Formwerkzeuge drapiert werden. Während ein Lagenzuschnitt und -schichtung automatisiert erfolgen kann, ist der Prozessschritt der Werkzeugbestückung und des textilen Drapierens häufig durch manuelle Arbeitsschritte geprägt.
Durch Injektions- oder Infusionsverfahren werden die Vorformlinge mit Harz durchtränkt und anschließend zum fertigen Bauteil ausgehärtet (z.B. RTM-, VARI-Verfahren, etc.). Es erfolgt eine meist manuelle Entformung und eine mechanische Nachbearbeitung z.B. von Bauteilkanten und einer Vorbereitung von Befestigungspunkten. Je nach Anwendungsfall wird eine Qualitätsprüfung einiger weniger bis hin zu allen Bauteilen z.B. in der kommerziellen Luftfahrt durchgeführt.
Solche zum Teil diskontinuierlich ablaufenden Prozessketten zur Herstellung von Faserverbundstrukturen führen in Abhängigkeit von der Komplexität der Struktur zu teils großem Aufwand. Eine automatisierte, kontinuierliche Zusammenführung und Formgebung textiler Halbzeuge sowie eine Imprägnierung und Aushärtung ist besonders für komplexe Bauteilgeometrien anzustreben.
Neben verschiedenen getakteten Verfahren zur Herstellung von z.B. kohlenstofffaserverstärkten Kunststoffen (CFK) wie beispielsweise eine Kombination von automatisierten textilen Preforming-Prozessen mit automatisierten RTM Verfahren, zeigen sich einige wenige kontinuierlich

getaktete Prozessketten wie z.B. das Advanced Composite Molding (ADP) und das Continuous Compression Molding (CCM) Verfahren. Abbildung 8 zeigt eine Übersicht von automatisierten Verfahren zur CFK-Profilfertigung.

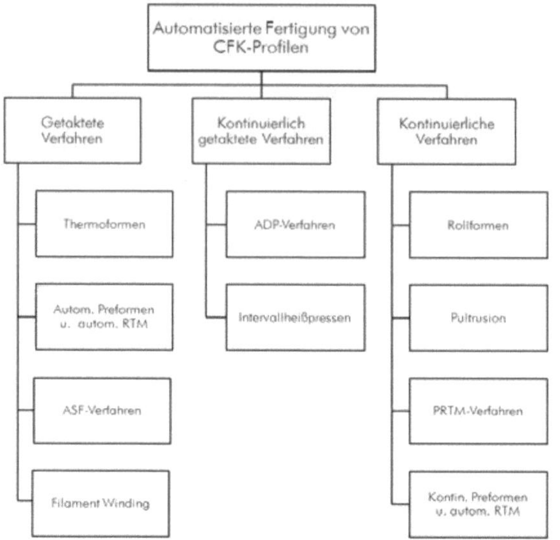

Abbildung 8: Übersicht von automatisierten Verfahren zur CFK-Profilfertigung [PUR11]

Eine kontinuierliche Fertigung von Faserbundprofilen ist eng verknüpft mit dem Pul-trusionsverfahren und entsprechenden technologischen Weiterentwicklungen. Die Pultrusion hat sich als besonders kosteneffizientes Verfahren erwiesen. Üblicherweise werden Rovings kontinuierlich von einem Spulengatter abgezogen in einem Harzbad durchtränkt und schließlich durch ein formgebendes beheiztes Werkzeug zur Aushärtung geführt. Alternativ kann eine Harzinjektion im Aushärtewerkzeug stattfinden. Ein kontinuierlicher Materialtransport wird z.B. durch eine alternierende Ziehvorrichtung gewährleistet. [STA00]
Eine Herausforderung liegt dabei bei einer Formgebung und Aushärtung mit Hilfe eines stationären Werkzeugs. Ein ausgehärtetes Profil generiert hohe Reibungskräfte im Aushärtewerkzeug, dies hat wiederum neben hohen Abzugskräfte Einbußen hinsichtlich der erreichbaren Fertigungsqualität zur Folge. Besonders bei multiaxial verstärkten Textilien zeigt sich eine verfahrensmäßige Herausforderung. Bei einem geringen Anteil an Verstärkungsfasern in Produktionsrichtung können Zugkräfte nur über eine geringere Anzahl an Fasern in Zugrichtung übertragen werden, was Faserverschiebungen und letztlich ein Auseinanderziehen der Fasern zur Folge hat.
Die Fertigung einfacher beispielsweise zylindrischer oder rechtwinkliger Hohlstrukturen auf Basis insbesondere UD-verstärkter Materialien ist Stand der Technik bei einer Vielzahl von Herstellern von Pultrusionsprofilen.
Mit der Kombination des Pultrusions- und des RTM-Verfahrens (PRTM) steht ein neuartiger hybrider Prozess zur Verfügung, mit dem kontinuierlich komplexe Profile in hoher Qualität hergestellt werden können. Es lassen sich eine hochautomatisierte, kostengünstige, kontinuierlich arbeitende Fertigung

                    Schlussbericht KoMP   Faserinstitut Bremen

erreichen, die einen hohen Faservolumengehalt, eine gute Oberflächenqualität und endkonturnahe Bauteile liefert. Dieses Verfahren zeigt großes Potenzial Einschränkungen eines Pultrusionsverfahrens zu überwinden und eine größere Herstellungsvielfalt und eine höhere Bauteilqualität zu bieten. Die Injektion des Harzsystems erfolgt kontinuierlich während des Prozesses in ein formgebendes Werkzeug. Mit einem mitfahrenden und sich alternierend öffnenden und schließenden Pressenwerkzeug wird eine Bauteilkonsolidierung jedoch erst in einem späteren Prozessschritt realisiert. Diese Trennung von Imprägnierung und Aushärtung minimiert die Reibung im Injektionswerkzeug und gewährleistet eine im Vergleich zur Pultrusion höhere Bauteilqualität. Bisher können nur offene Profile mit dem PRTM Verfahren hergestellt werden. Abbildung 9 verdeutlicht die einzelnen Elemente der PRTM Prozesskette.

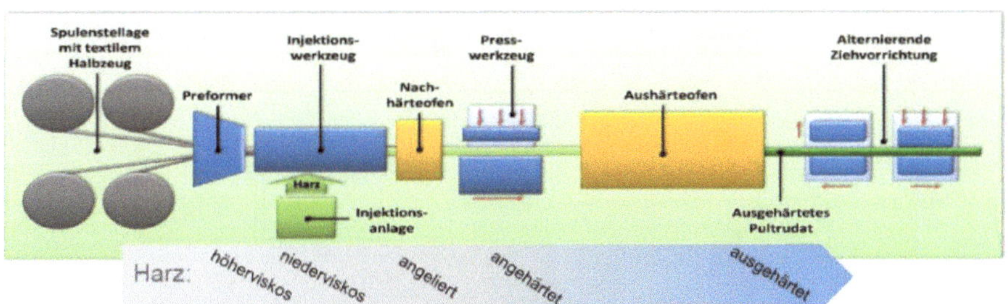

Abbildung 9: Prozessablauf PRTM [CTC]

Ein textiles Halbzeug in Form von z.B. MAG wird kontinuierlich durch sechs Stationen geführt. Eine alternierend arbeitende Ziehvorrichtung sorgt für die kontinuierliche Bewegung des Fasermaterials/ Bauteils. Die Bereitstellung des Ausgangsmaterials erfolgt über ein Spulengatter. Die Halbzeuge werden dort abgezogen und in einen Preformer geführt, in dem die Ausbildung der Profilgeometrie erfolgt und einzelne textile Lagen kombiniert und ins Injektionswerkzeug transportiert werden. Dort wird mit Überdruck Harz injiziert, das bis zum Werkzeugausgang lediglich geliert, d.h. die Aushärtung findet erst bei späteren Prozessschritten statt. Auf diese Weise können geringe Abzugskräfte auf Grund reduzierter Reibung im Injektionswerkzeug realisiert werden. Die Aushärtung erfolgt im mitfahrenden Presswerkzeug sowie im anschließenden Aushärteofen.
Bisherige Prozessvarianten sehen eine Herstellung von geraden Profilen ohne lokale Querschnittsveränderung mit Doppel-T und Omega Geometrie vor (siehe Abbildung 10).

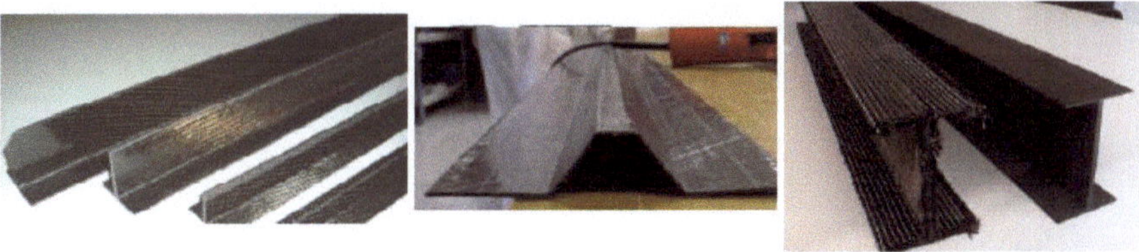

Abbildung 10: Hergestellte PRTM Musterprofile

Die PRTM Technologie ermöglicht neben einer Bauteilfertigung eine Extraktion von Preforms bzw. endkonturnahen vorimprägnierten Halbzeugen aus der

Fertigungslinie. Preforms können in folgenden Injektionsprozessen zu Trägern, Seitenschwellern, etc. weiterverarbeitet werden. Bereits imprägnierte, aber nicht vollständig ausgehärtete Halbzeuge können analog zu Prepregs in weiteren Aushärteprozessen formgebend verarbeitet werden. Abbildung 11 zeigt eine solche Variabilität der Produktion.

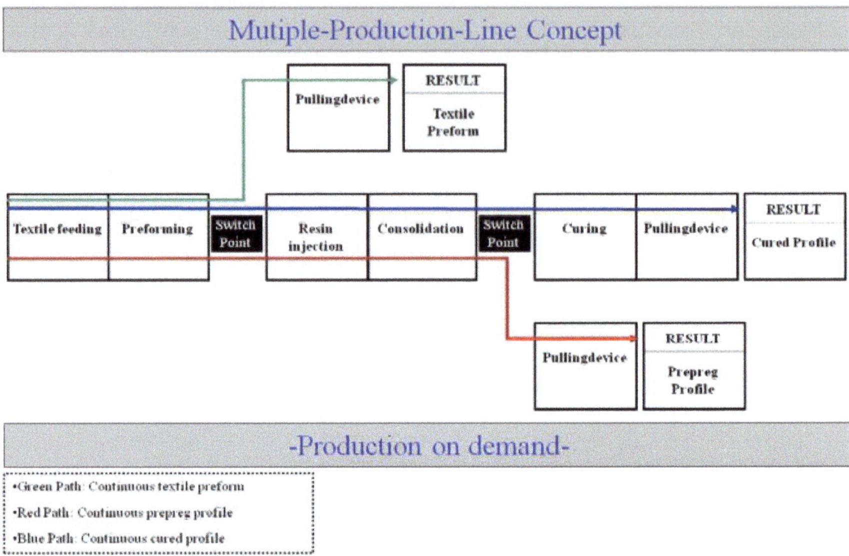

Abbildung 11: Variables Produktionskonzept PRTM Anlage [CTC]

Vorarbeiten

Am Faserinstitut Bremen e.V. arbeitet derzeit ein Team von 12 Ingenieuren unterschiedlicher Fachrichtungen in der Abteilung Struktur- und Verfahrensentwicklung mit dem Ziel der Entwicklung und Weiterentwicklung von innovativen Fertigungsverfahren zur Herstellung von faserverstärkten Kunststoffbauteilen. Die Verarbeitung verschiedener textiler Halbzeugen sowohl hinsichtlich stationärer als auch kontinuierlicher Drapier-, Infiltrations- und Aushärteprozesse ist Bestandteil aktueller Forschungen.

Im Vordergrund steht hierbei die Effizienzsteigerung bestehender Prozesse durch eine Automatisierung und Optimierung der Fertigungsabläufe, sowie die Entwicklung neuartiger Fertigungsprozesse. Für die Forschung stehen Anlagen zur Pultrusion, zur Thermoumformung, zum Preforming mit Tailored Fiber Placement, RTM-Werkzeuge und eine Anlage zum Einbringen von Pins in Schaumstrukturen bereit. Eine PRTM Anlage steht unter Kooperation mit weiteren Partnern zur Verfügung.

Die Pultrusion verschiedenster Verstärkungsfasern in Verknüpfung mit duroplastischen Matrixstoffen wird in vielen Projekten bereits langjährig untersucht. Neben Erfahrungen zu verschiedenen pultrudierbaren Geometrien wie z.B. Hohlprofilen besteht umfangreiches Wissen zur Werkzeug- und Anlagenauslegung sowie erforderlichen Prozessparametern (vergleiche z.B. [PUR08], [BER05], [MIE10], [GEI08], [BÄU12]).

Im Rahmen vergangener Projekt wurden Vorteile der Profilherstellung besonders für multiaxial verstärkte textile Strukturen mit Hilfe der PRTM Technologie gezeigt. So kommen generell deutlich niedrigere Abzugskräfte zum Einsatz, da das Harz im Injektionswerkzeug zwar formgebend verarbeitet, aber nicht ausgehärtet wird. Durch eine alternierend arbeitende RTM Presse kann ein Faservolumengehalt eingestellt und eine Bauteilqualität erreicht werden, die Anforderungen z.B. der Automobil- und Luftfahrtindustrie entspricht. Zudem ist auf Grund der geringeren Zugkräfte der erforderliche Mindestanteil an 0°-Fasern deutlich geringer, d.h. multiaxial verstärkte textile Halbzeuge können vermehrt verarbeitet werden. Abbildung 12 zeigt ein durch das Faserinstitut Bremen unter Mitwirkung weiterer Partner mit dem PRTM Verfahren hergestelltes Omega Versteifungsprofil. Eine Entwicklung und Erprobung der PRTM Technologie hinsichtlich einer erweiterten lokalen Geometrievielfalt solcher Profile ist unter anderem Gegenstand zukünftiger Forschungsvorhaben. Besonders eine automatisierte und kontinuierliche Integration lokaler Querschnittsveränderungen sowie gekrümmter offener Versteifungsprofile wird Bestandteil zukünftiger Forschungsvorhaben sein. Ergebnisse aus diesen Projekten können nach Projektende für eine Weiterentwicklung der Herstellung von pinverstärkten Multistegplatten mit zusätzlichen lokalen geometrischen Besonderheiten wie z.B. Lasteinleitungselementen oder auch gekrümmte Strukturen genutzt werden.

Abbildung 12: Mit der PRTM Technologie hergestelltes Omega Profil

Insbesondere hinsichtlich verwendbarer Harzsystem für die bestehende PRTM Anlage sind bereits vorab Untersuchungen durchgeführt worden. Es wurden Viskositätsprofile von Harzsystemen erstellt, um ein verbessertes Verständnis für eine Imprägnierung im Injektionswerkzeug und eine nachgelagerte Aushärtung in einer RTM Presse zu generieren. Verschiedene Harzsysteme wurden betrachtet und für eine kontinuierliche Herstellung von Testbauteilen mit der PRTM-Anlage (siehe Abbildung 12) verwendet. Ein Abgleich von Prozesstemperaturen und rheologischen Untersuchungen der Harzsysteme sowie eine Überprüfung der inneren Bauteilqualität mit Hilfe von Schliffbildern wurde genutzt, um geeignete Prozessparameter zu bestimmen. Parallel wurden bereits verschiedene Möglichkeiten zum kontinuierlichen Drapieren offener Profile mit Hilfe von Rollen- und Trichterwerkzeugen analysiert. Diese Ergebnisse wurden genutzt, um eine kontinuierliche Preformbereitstellung durch die PRTM Anlage zu validieren.

Auf Basis dieses grundlegenden Verständnisses zum PRTM Prozess ist das Faserinstitut Bremen prädestiniert eine Weiterentwicklung dieser zukunftsträchtigen Technologie zu verfolgen.

Darüber hinaus besteht umfangreiches Wissen zu RTM Prozessen. Die Werkzeugauslegung zur Herstellung u.a. von Hohlstrukturen mit verschiedenen Kernsystemen und Temperierungsmethoden wird bereits seit mehreren Jahren verfolgt. Eine Prozess- und Werkauslegung zur Erreichung einer hohen Fertigungsqualität bei verringerten Zykluszeiten unter Berücksichtigung von z.B. einem Bauteilverzug steht dabei im Vordergrund der Entwicklungsarbeiten am Faserinstitut Bremen. Diese Erfahrungen können für eine PRTM Prozessentwicklung genutzt werden.

Zur Herstellung einer Multistegplattenstruktur ohne Schaumverstärkung (analog zu einer Querschnittsgeometrie aus Abbildung 1), wurden Werkzeuge für einzelne Prozessschritte der PRTM Prozesskette für eine solche Hohlkammergeometrie im Rahmen vorangegangener Forschungsvorhaben konzipiert. Diese Vorüberlegungen können zur Prozesskettenentwicklung für eine Multistegplattengeometrie mit pinverstärkten Schaumkernen genutzt werden. Abbildung 13 veranschaulicht schematisch Prozessschritte der PRTM Technologie, die zu einer Herstellung von Hohlkammer- bzw. Multistegprofilen werkzeugtechnisch entwickelt werden müssen.

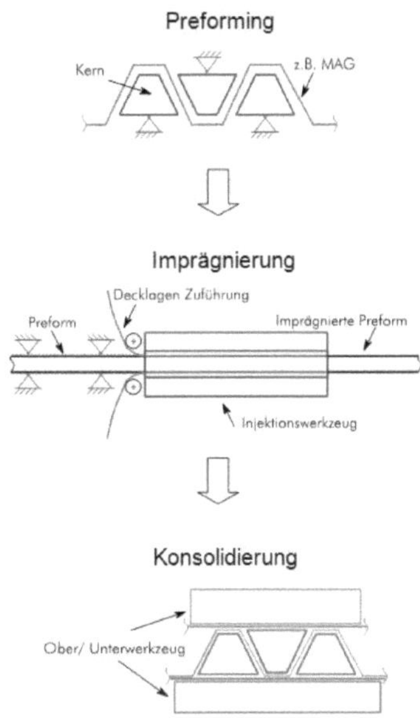

Abbildung 13: Vereinfachte PRTM Prozesskette für Hohlkammerprofile (ohne Schaumkerne)

Eine solche Hohlkammerstruktur zeichnet sich besonders durch eine sowohl hohe Biege- und Torsionssteifigkeit als auch -festigkeit aus. Für eine Crash relevante Struktur z.B. im Automobilbau gilt es darüber hinaus eine durchgängige Stützung der Stege zu realisieren. In Kombination mit Schaumkernen und zusätzlichen Verstärkungspins kann eine solche Stützung und zudem eine verbesserte Anbindung der Decklagen ermöglicht werden. Je nach späterem Anwendungsfeld lassen sich diese Pins gezielt in Lastrichtung anordnen. Abbildung 14 veranschaulicht eine mögliche Realisierung einer pinverstärkten Multisteggeometrie mit Schaumverstärkung.

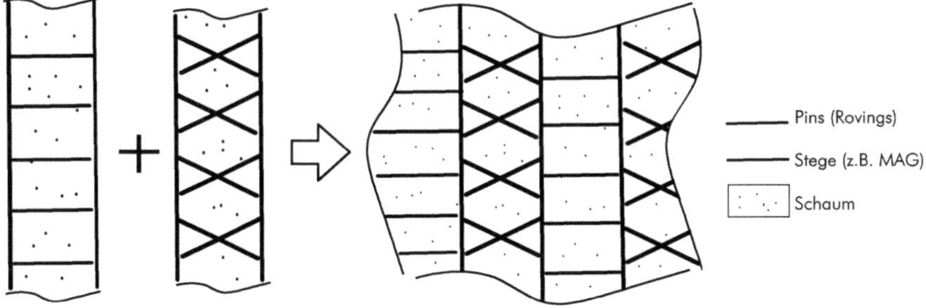

Abbildung 14: Aufbau einer Multistegplatte mit pinverstärktem Schaumkern

2. Forschungsziel / Ergebnisse / Lösungsweg

2.1 Forschungsziel

Im Rahmen des Forschungsvorhabens wurde eine Prozesskette zur kontinuierlichen Herstellung von Multistegplatten mit pinverstärkten Schaumkernen auf Basis der PRTM Technologie entwickelt. Es wurden erstmalig hochbelastbare Multistegplatten mit zusätzlichen Verstärkungselementen wie pinverstärkten Schaumkernen kontinuierlich gefertigt. D.h. es wurde ein kosteneffizienter Prozess zur Herstellung von Bauteilen mit einer hohen Biege- und Torsionssteifigkeit geschaffen, der im Vergleich zum Pultrusionsprozess eine verbesserte Fertigungsqualität ermöglicht. Zudem wurde eine Multistegstruktur mit pinverstärkten Schäumen und damit eine lastgerechte Geometrie hergestellt, die hohen Anforderung für Crash relevante Strukturen entspricht. Dies wird eine Ausweitung des Anwendungsfeldes von technischen Textilien wie z.B. Geflechtschläuchen und Multiaxialgelegen für Bauteile in Branchen mit besonders hohen Absatzzahlen wie z.B. der Automobilindustrie schaffen.

Da sich die deutsche Textilindustrie aus einer Vielzahl mittelständischer Unternehmen zusammensetzt, wird dies die Marktposition besonders von KMU festigen. Analog wird ein solches Forschungsvorhaben KMU im Anlagenbau stärken und eine technologische Weiterentwicklung bieten.

Die Entwicklung einer Prozesskette zur kontinuierlichen Herstellung von Multistegplatten mit pinverstärkten Schaumkernen beinhaltete die Entwicklung verschiedener Teilprozesse mit Schwerpunkt auf einen kontinuierlichen Drapier-, Injektions- und Konsolidierungsprozess für geschlossene Faserverbundstrukturen. Die entwickelten Teilprozesse und deren Eingliederung in eine PRTM-Prozesskette sind in Abbildung 15 hervorgehoben. Eine kontinuierliche Fertigung einer solchen Multistegstruktur mit zusätzlicher Pinverstärkung war bisher nicht möglich.

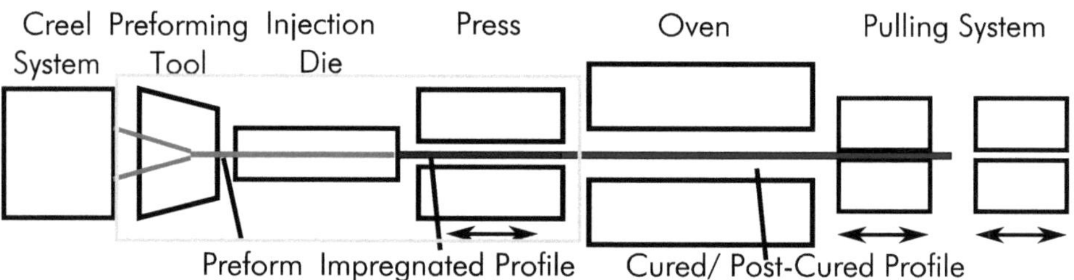

Abbildung 15: Generische PRTM Prozesskette mit einzelnen Teilprozessen

Insbesondere wird die Anwendung dieser Multistegplatten als Energieabsorber im Falle einer Zerstörung dieser Komponente angestrebt. Abbildung 16 zeigt eine mögliche Querschnittsgeometrie einer schaumverstärkten Multistegplatte mit einer zusätzlichen Pinverstärkung in Lastrichtung. Es lassen sich damit für eine Herstellung dreidimensionaler Multistegplatten kostengünstige Halbzeuge zu einer komplexen pinverstärkten Multisteg-Sandwichbauweise kombinieren, die ein hohes Energieaufnahmevermögen aufweist.

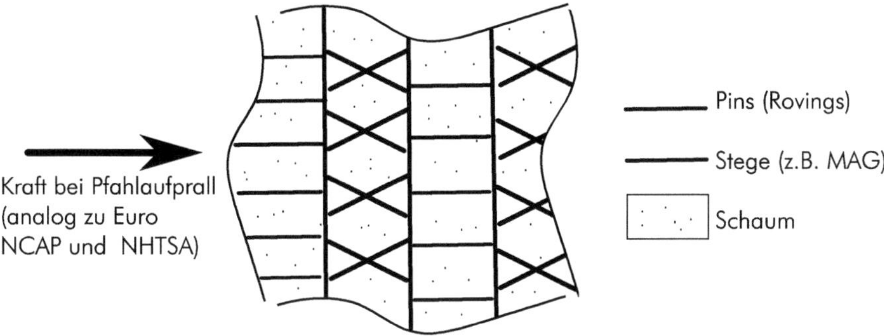

Abbildung 16: Querschnittansicht einer möglichen Multistegplattengeometrie

Es wurden erstmals in einem kontinuierlichen Prozess FV-Energieabsorber erweitert durch einen textilen Pinprozess eines Leichtbauschaums hergestellt. Diese mit unterschiedlichen Winkeln eingebrachte Faserverstärkung der Schaumkerne kann für eine Verstärkung senkrecht zu den Stegen bzw. einer Erhöhung der Schubfestigkeit genutzt werden und verbessert eine Anbindung der Decklagen/ Stege. Der Widerstand gegen ein Knicken der Pins wird durch eine allseitige Stützwirkung des Schaums erhöht. Der Beulwiderstand der Stege wird darüber hinaus durch sowohl eine Pinverstärkung als auch eine durchgängige Stützung des Schaums erhöht. Diese Eigenschaften prädestinieren eine solche Struktur für eine Anwendung als Crashabsorber.

2.1.1 Angestrebte Forschungsergebnisse

Am Ende des Projektes sollte eine Prozesskette zur Herstellung von Faserverbund Multistegplatten mit pinverstärktem Schaumkern zur Verfügung stehen.
Es wurden neuartige Werkzeuge erarbeitet, welche eine kontinuierliche Verarbeitung technischer Textilien zu einem Profil mit mehreren Stegen ermöglichten. Im Rahmen dieses Projektes wurde ein Werkzeugsystem aus Drapier-, Imprägnierungs- und Aushärtungsprozess in einer Versuchsanlage umgesetzt und ein Multistegprofil erzeugt, um anhand dieser Referenzstruktur die entwickelte Prozesskette zu validieren.
Sowohl die Fertigungsqualität als auch die Reproduzierbarkeit wurden anhand der entwickelten Pilotanlage bewertet. Im Rahmen einer detaillierten Analyse erfolgt die Bewertung der Prozesskette, so dass das technische und wirtschaftliche Potenzial dieser Technologie für unterschiedliche Anwendungsbereiche dargestellt werden konnte.
Die entwickelte Prozesskette bringt den Nachweis für eine kontinuierliche Fertigung von Multistegplatten mit pinverstärktem Schaumkern und stellt damit eine Erweiterung des Anwendungsfelds für technische Textilien dar. Demonstratoren wurden bisher für die Außendarstellung, wie Messeauftritte, herangezogen.
Es wurden Werkzeuge entwickelt und umgesetzt, die auf fertigungstechnische Herausforderungen einer pinverstärkten Multistegplatte abgestimmt waren.

Neben der Entwicklung neuartiger Preforming-/ Drapierwerkzeuge zum kontinuierlichen Vorformen einer solchen Struktur wurden innovative Imprägnierungs- und Aushärtungsprozesse geschaffen. Sowohl ein Einfluss der Pins als auch der innenliegenden Schaumstruktur wurde im Hinblick auf einen Imprägnierungs- und Aushärtungsprozess untersucht. Es wurde experimentell analysiert inwieweit Verstärkungspins im Schaumkern einen kontinuierlichen Infiltrationsprozess einer solchen Sandwichstruktur unterstützen und zu einer gezielten Verteilung des duromeren Kunststoffs im dreidimensionalen Preform führen können. Desweiteren wurde eine Vorbehandlung des Schaumkerns in Bezug auf eine Möglichkeit zur gezielten Unterstützung des Harzflusses praktisch untersucht, um eine vollständige Durchtränkung der Textilien abzusichern. Da sowohl Schaumkern als auch Fasermaterial eine geringe Wärmeleitung ermöglichen, wurde Methoden zur Verbesserung des Wärmeeintrags während des Aushärteprozesses für ein kontinuierlich arbeitendes Verfahren und eine entsprechende Multistegplattenstruktur ermittelt und umgesetzt.

Es wurden Aussagen zu der erreichten Fertigungsqualität (wie z.B. Porosität, Faserwelligkeiten, -orientierung, etc.) der hergestellten Multistegplatten mit pinverstärkten Schaumkernen durch z.B. Schliffbilder und Faservolumengehaltbestimmungen getroffen. Darüber hinaus wurde die Eignung der kontinuierlich gefertigten Multistegplatten für Crashabsorberstrukturen durch eine Prüfung des Versagensverhaltens und Energieaufnahmevermögens von Demonstratorbauteilen bestimmt.

2.1.2 Innovativer Beitrag der angestrebten Forschungsergebnisse

Es wurden durch die Technologieentwicklung folgende Innovationen zur Fertigung von Faserverbundstrukturen erreicht:

- Erschließung neuer textiler Anwendungsgebiete und Produkte,
- Verkürzung der Fertigungszeit von Faserverbundbauteilen für den Großserieneinsatz,
- Entwicklung einer Technologie zur kontinuierlichen Herstellung von Multistegplatten (als Crashabsorber),
- Substitution kostenaufwändiger Prepreg-Halbzeuge durch trockene Textilien

3.2 Lösungsweg zur Erreichung des Forschungsziels

Der Lösungsweg gliederte sich entsprechend der für eine PRTM Prozesskette erforderlichen Teilprozesse zur kontinuierlichen Drapierung, Imprägnierung und Aushärtung. Es wurden folgende Arbeitspakete bearbeitet:

- Definition Referenzstruktur und Materialien
- Kontinuierliche Preformherstellung
- Kontinuierliche Imprägnierung
- Kontinuierliche Kompaktierung und Aushärtung
- Komponentenprüfung

3. Definition Referenzstruktur und Materialien (AP1)

Es wurde eine geschlossene Referenzstruktur unter besonderer Mitwirkung von Firmen mit langjähriger Erfahrung bzgl. Faserverbundstrukturen im Automobilbereich wie KIRCHHOFF Automotive, HONDA Europe und SGL KÜMPERS GmbH entwickelt, anhand derer die Fertigung untersucht wurde. Für die festgelegte Geometrie erfolgt die Auswahl der textilen Halbzeuge (z.B. MAG, Gewebe, Geflechtschlauch, Schäume), welche die geforderten mechanischen Eigenschaften sowie eine ausreichende Drapier- und Imprägnierbarkeit für eine kontinuierliche Verarbeitung gewährleisten sollten. Ziel war ein Einsatz von textilen Halbzeugen auf Basis von Kohlenstoff-, Aramid- und/ oder Glasfasern. Ein auf die Fertigung und Zielanwendung abgestimmtes Harzsystem wurde unter Berücksichtigung einer Verarbeitbarkeit auf Basis der Prozesserfahrung der Forschungsstelle mit Unterstützung der Firmen TARTLER + TECHNIK GmbH, THOMAS GmbH und CTC GmbH gewählt.

Erste Abschätzungen von Möglichkeiten zur Lasteinleitung und deren Integration in eine Multistegstruktur erfolgten gemeinsam mit den Mitgliedern des Projektbegleitenden Ausschusses.

3.1 Festlegung einer Referenzbauteilgeometrie

Für die Entwicklung einer kontinuierlichen Fertigungstechnologie für crash-relevante automobile Profile wurde als Referenzgeometrie ein Pkw-Seitenschweller gewählt. Die Bauweise erfolgt mit einem Faserverbund-Sandwichaufbau mit pinverstärkten Schaumkernen. Die erwartete Masse sollte im Bereich 4,0 - 4,5 kg/m liegen. Es sind derzeit keine automobilen standardisierten Referenzstrukturen verfügbar. Die Masse- und volumen-bezogene Energieaufnahme wird als geometrie- und materialunabhängiges Vergleichskriterium herangezogen. Die Evaluierung des Energieabsorptions-vermögens beim seitlichen Pfahlaufprall erfolgt durch Crashversuche.

Die Anforderungen an die Materialien beziehen sich auf das kontinuierliche Umwickeln von Schaumkernen und die Imprägnierung des gesamten Preforms. Die erforderlichen Multiaxialgelege müssen integrierte 0°-Lagen aufweisen damit kontinuierlich gezogen werden kann und dabei die eingeleiteten Kräfte aufgenommen werden können. Sie dienen außerdem der Aufnahme und Weiterleitung von Kräften während eines Crashs. Aus den von Firmen des projektbegleitenden Ausschuss zur Verfügung gestellten Materialien wurde eine erste Seitenschweller Geometrie abgeleitet (Abbildung 17). In Abbildung 18 sind die Schäume und der geplante Lagenaufbau dargestellt.

- Erprobung an einzelnen Multistegelementen

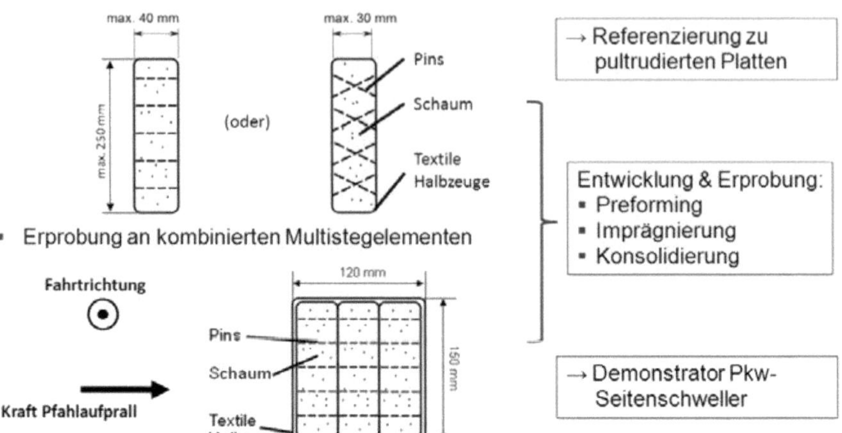

- Erprobung an kombinierten Multistegelementen

Abbildung 17: Aufbau der angestrebten Seitenschweller Geometrie

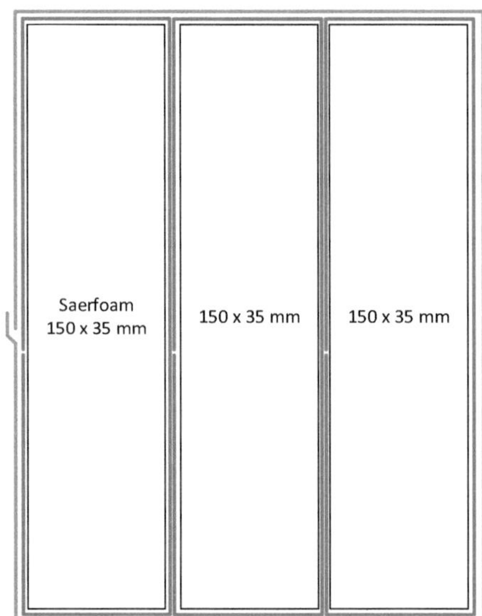

Abbildung 18: geplanter Lagenaufbau zur Abschätzung der Profilgeometrie (Schaumumantelung blau)

3.2 Materialauswahl und -spezifikation

Die Materialkennwerte für die ausgewählten Schäume und Multiaxialgelege sind der

Tabelle 1 und Tabelle 2 zu entnehmen.

Tabelle 1: Schaumkennwerte Saerfoam I CSM450/PU(35/25)CSM450 20/00, Saertex

SAERfoam Breite	150	mm		
SAERfoam Dicke	40	mm		
Dichte (getränkt)	150	kg/m³	0,00015	g/mm³
Faservolumgehalt	50	%		
Dichte Faserdichte	1,78	g/cm³	0,00178	g/mm³
Dichte Harz	1,08	g/cm³	0,00108	g/mm³
Laminatdicke	0,5	mm		
Masse (pro Profilmeter):				
Schaum	2700	g		
Innere Laminathüllen	819,39	g		
Äußere Laminathülle	275	g		
Gesamtmasse (pro Profilmeter):	3794,39	g		

Tabelle 2: Kennwerte Multiaxialgelege (Saertex)

Breite	[mm]	ca. 1200
Zuschnitt	[mm]	530 mm und 370 mm
Material		Carbon / Glas
Schlichte		geeignet für Epoxid
Orientierung		0/90 oder 0/45/-45
Flächengewicht	[g/m²]	300-600
Binder		ja
Anzahl Rollen		**Glas-MAG** ca. 60m **Carbon-MAG** ca. 40m

Als Matrix wurde das Compositeharz-System Biresin® CR170 mit Biresin® CH135-4 Härter ausgewählt. Der Projektpartner CTC weist hier Erfahrungen bei der Verarbeitung im PRTM Prozess auf. Es ist zur Verarbeitung im Injektionsverfahren geeignet und hat kurze Zykluszeiten, die geeignet sind für das PRTM-Verfahren. Die Glasübergangstemperaturen betragen, abhängig von den Härtungsbedingungen, bis zu 153 °C.

Tabelle 3: mechanische Kennwerte Biresin®

Mechanische Kennwerte der Reinharzproben (ca. Werte nach 4 h / 140°C)			
Biresin® CR170 Harz (A)		mit Härter (B)	**Biresin® CH135-4**
Shore-Härte	ISO 868	-	D 86
Biege-E-Modul	ISO 178	MPa	2.850
Zug-E-Modul	ISO 527	MPa	2.750
Biegefestigkeit	ISO 178	MPa	135
Zugfestigkeit	ISO 527	MPa	91
Zugdehnung	ISO 527	%	6,0
Schlagzähigkeit	ISO 179	kJ/m²	24

Für den PRTM Prozess sind Trennfolien vorzusehen, um ein Verkleben des Profils mit den Oberflächen des Presswerkzeugs zu verhindern. Für die Trennfolie kamen verschiedene Varianten in Frage. Die Entscheidung viel auf die ETFE Trennfolie WL 5200B von Airtech (Tabelle 4).

Tabelle 4: Vergleich verschiedener Trennfolien

Trennfolie PRTM					
Hersteller	Bezeichnung	Werkstoff	Stärke µm	Preis/m^2	Bewertung
Nowofol	ET 6235Z	ETFE	100	12,00	gut
Airtech	WL 5200B	ETFE	50	7,61	sehr gut
Airtech	WL 5200B	ETFE	75		gut
Vabatec	RF80026R	FEP	75	8,0-9,0	sehr gut
Vabatec	RF80026R	FEP	100	10,0-11,0	gut
Hostaphan	RNK75	PET	75	5,88	?

3.3 Thermische Werkstoff- und Prozessauslegung

Der Aushärtegrad der zu fertigenden Profile/Multistegplatten wird durch die eingebrachte Energiemenge (Wärmeenergie) und somit durch die Profiltemperatur beeinflusst. Dabei fällt der Aushärtegrad mit steigender Profiltemperatur in der Regel höher aus. Die Profiloberfläche wird beim Herstellungsprozess zuerst erwärmt, so dass hier die Aushärtereaktion beginnen sollte. Erst mit weiterer Erwärmung wird die Temperatur im Profilinneren ansteigen und das darin befindliche Harz verfestigen. Somit ist vor allem die Kenntnis der Temperatur im Profilinneren entscheidend. Im Idealfall sollte das im Profil sowie innerhalb der Schäume befindliche Harz beim Verlassen des Werkzeuges vollständig ausgehärtet sein. Die Berechnung der Temperaturverteilung wird durch die exotherme Aushärtereaktion des Harzes und die damit zusätzlich frei werdende Energie erschwert. Weiterhin ändern sich auch die Kennwerte des Harzes (z.B. die Viskosität und die Wärmeleitfähigkeit), was ebenfalls den Berechnungsaufwand erhöht. Um eine erste Übersicht über die Temperaturverteilung zu erhalten, wurde eine vereinfachte Simulation durchgeführt. Mit den Ergebnissen kann die Verweilzeit des Profils im Gelierwerkzeug und im Aushärtewerkzeug und somit die Abzugsgeschwindigkeit abgeschätzt werden. Für die Simulation wurden folgende Vereinfachungen angenommen:

Schlussbericht KoMP · Faserinstitut Bremen

· Vernachlässigung des Harzes und der Harzeigenschaften

· Isotropes Schaumstoffprofil ohne Verstärkungspins und Gewebelagen

· Idealer (ständiger) Kontakt zwischen Profil und Werkzeugwand, wobei sich das Profil nicht bewegt

· Wärmeabfuhr aus dem Werkzeug nur über die freien Oberflächen (Konvektion)

· Konstante Temperatur der Heizungselemente

· Nicht vorgeheiztes Werkzeug

· Umgebungstemperatur: 293 K

Der grundsätzliche Verfahrensablauf in einem kontinuierlichen Aushärtewerkzeug ist in Abbildung 19 dargestellt.

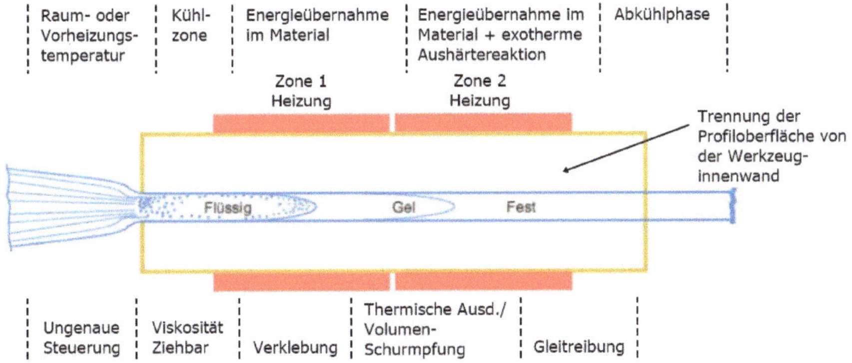

Abbildung 19: Verfahrensablauf im Werkzeug

Die theoretische Berechnung wurde mit der Software „Autodesk Nastran In-CAD" durchgeführt. Als Profilmaterial wurde ein Polystyrolschaum angenommen, der in einem Heizwerkzeug erwärmt wird. Die Erwärmung des Werkzeugs erfolgt durch jeweils vier Heizungselemente auf der Ober- und Unterseite, die in Kontakt mit der Heizungsbox stehen. In Abbildung 20 ist das Modell dargestellt.

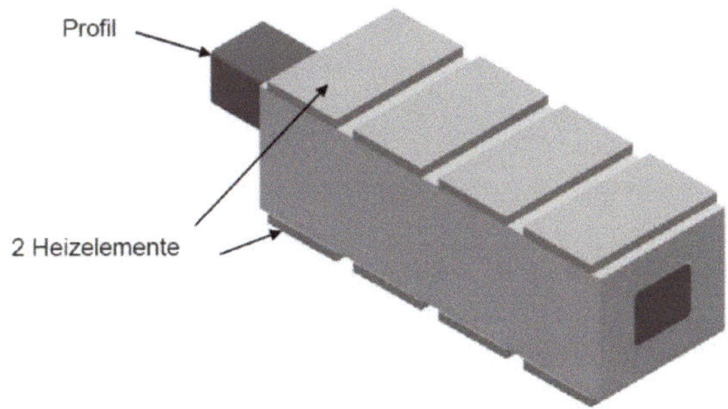

Abbildung 20: Berechnungsmodell

Für jedes Heizelement wurde eine konstante Temperatur angenommen. Dabei haben die übereinanderliegenden Elemente jeweils die gleiche Temperatur, sodass sich eine symmetrische Temperaturverteilung ergibt. Die Temperaturverteilung der oberen bzw. der unteren Heizelemente beträgt in aufsteigender Reihenfolge (vom Werkzeugeingang betrachtet): 373 K – 433 K – 473 K – 493 K. Um den Berechnungsaufwand zu verringern, wurde das Injektionswerkzeug nicht berücksichtigt und stattdessen eine konvektive Wärmeabfuhr an der Verbindungsstelle angenommen. Auf eine weitere Verminderung des Rechenaufwandes durch beispielsweise Ausnutzung von Symmetrieebenen wurde verzichtet. Als Wärmeübertragungskoeffizient zwischen Luft und einer Stahlwand wurden 5,8 W/m^{2}K angenommen. Die verwendeten Materialkennwerte vom Polystyrolschaum und vom Stahl können der folgenden Tabelle entnommen werden.

Tabelle 5: Materialkennwerte aus der Autodesk - Materialbibliothek

Material	Dichte / g·cm^{-3}	Wärmeleitfähigkeit / W·K^{-1}·m^{-1}	Spez. Wärmekapazität / J·g^{-1}·°C^{-1}
Polystyrolschaum	0,05	0,037	1,412
Stahl	7,85	50	0,460

Mit den genannten Kennwerten und Vereinfachungen wurde die Berechnung durchgeführt. In Abbildung 21 ist die Temperaturverteilung nach einer Heizdauer von 7 Minuten dargestellt.

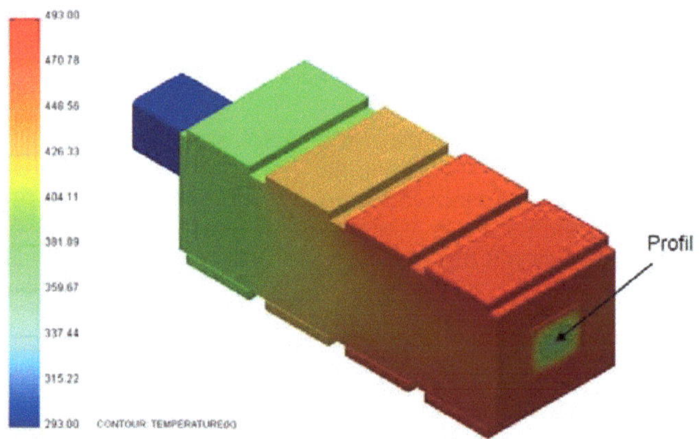

Abbildung 21: Temperaturverteilung nach ca. 7 Minuten Heizdauer

Die Temperatur des Heizwerkzeugs hat nach der zuvor erwähnten Heizdauer einen stationären Zustand erreicht. Erwartungsgemäß tritt die Maximaltemperatur (493 K) am letzten Heizelement auf. Am Werkzeugende ist eine Temperatur leicht unter dem Maximalwert feststellbar, während die Temperatur des Profils deutlich unter dem Maximalwert liegt. Die Temperaturverteilung auf der Profiloberfläche und im Profilinneren wird zu diesem Zeitpunkt wird in Abbildung 22 dargestellt.

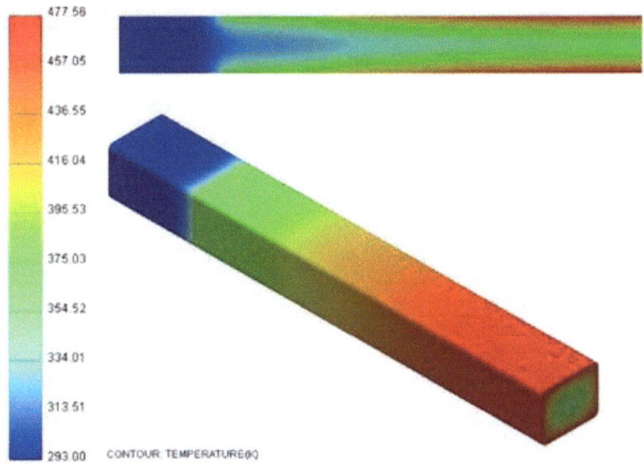

Abbildung 22: Temperaturverteilung des Profils als Schnitt in der Profilmitte (oben) und in isometrischer Darstellung (unten) nach einer Heizdauer von ca. 7 Minuten

Die Randtemperatur des Profils steigt aufgrund der unterschiedlich temperierten Heizzonen mit größerem Abstand zum Werkzeugeingang an. Die Maximaltemperatur tritt in der letzten Heizungszone auf der Profiloberfläche auf und besitzt einen Wert von ca. 477 K. Der Kern hat an der gleichen Stelle eine Temperatur von ca. 350 K und ist somit um mehr als 100 K kühler als der Randbereich. Es kann davon ausgegangen werden, dass die Aushärtereaktion am Profilrand beginnt. Die Reaktion startet, sobald eine gewisse Energiemenge dem Profil zugeführt wurde. Das Profil muss somit über einen bestimmten Zeitraum einer höheren Temperatur ausgesetzt sein, wodurch sich der genaue Beginn der Aushärtereaktion nicht bestimmen lässt.

Im nächsten Schritt wird der Zeitpunkt, bei dem die Temperatur vom Profilrand und vom Profilinneren ungefähr gleich ist, ermittelt. Dieser Zustand tritt nach einer Erwärmungsdauer von 21 Minuten ein. In Abbildung 23 wird die Temperaturverteilung zu diesem Zeitpunkt dargestellt.

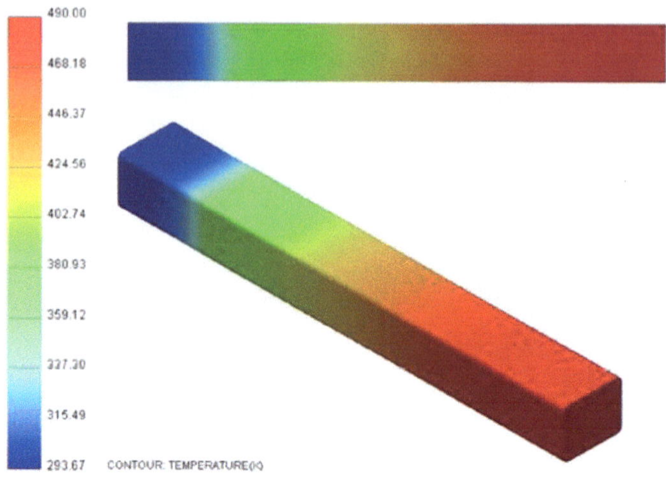

Abbildung 23: Temperaturverteilung des Profils als Schnitt in der Profilmitte (oben) und in isometrischer Darstellung (unten) nach einer Heizdauer von ca. 21 Minuten

Die Temperatur eines Profilquerschnitts ist sowohl am Rand als auch im Profilinneren ungefähr gleich, wobei sich der absolute Temperaturwert in Abhängigkeit der Profilposition (aufgrund der verschiedenen Temperaturen in den Heizzonen) unterscheidet. Die Maximaltemperatur des Profils beträgt ungefähr 490 K und liegt somit nur etwas unterhalb der Heizungstemperatur (493 K). Die relativ lange Aufheizdauer ist der niedrigen Wärmeleitfähigkeit bzw. der hohen thermischen Isolationswirkung des Schaums geschuldet. Da das Profil bei dem Herstellungsprozess in ein vorgeheiztes Werkzeug hineinläuft, kann ein Teil der Aufheizdauer des Werkzeugs (Annahme 5 Minuten) von der Gesamtzeit abgezogen werden. Eine gleichmäßige Temperaturverteilung der Profilquerschnitte sollte demnach nach einer Heizdauer von ca. 16 Minuten vorliegen. Mit der Annahme, dass die Aushärtereaktion innerhalb von 2 Minuten nach einer homogenen Erwärmung des Profilquerschnitts abgeschlossen ist, ergibt sich eine Mindestverweilzeit von 18 Minuten des Profils im Aushärtewerkzeug. Da bei der Aushärtereaktion Energie frei wird, kann die Verweilzeit um einige Minuten reduziert werden (Schätzung: 2 Minuten). Mit der bekannten Länge des Werkzeugs und der abgeschätzten Verweildauer lässt sich die maximale Abzugsgeschwindigkeit ermitteln. Bei dem für die Vorversuche genutzten Werkzeug von 400 mm Länge und einer Verweilzeit von mindestens 16 Minuten darf die Abzugsgeschwindigkeit einen Wert von 2,5 cm/min nicht übersteigen. Aufgrund der Vereinfachungen und Abschätzungen ergibt sich eine Abweichung zwischen dem berechneten und dem realen Wert. Dieser Wert dient nur als erste Abschätzung, sodass die Abzugsgeschwindigkeit, bei der ein vollständig ausgehärtetes Profil am Werkzeugende vorliegt, experimentell ermittelt werden muss. Unberücksichtigt bleibt hier noch, dass die Matrix vorgeliert und mit einer Restwärme in den Härteprozess einläuft. Die Durchhärtung des Profils wird abschließend in einem Temperofen stattfinden. Somit kann die Abzugsgeschwindigkeit noch weiter erhöht werden.

4. Kontinuierliche Preformherstellung (AP2)

Ziel war die Umsetzung einer ausgewählten Preformingmethode im Rahmen des Technologiedemonstrators, der zur Validierung der Preformingqualität genutzt werden kann. Das Preforming stellt den ersten Teilprozess der PRTM Prozesskette dar (vergleiche Abbildung 15). Eine Besonderheit war dabei die kontinuierliche Kombination von textilen Halbzeugen mit einer pinverstärkten Sandwichkernintegration. Es galt eine lastgerechte Pineinbringung in einen Schaumkern (wie z.B. Pinorientierung, -dichte, -länge, -material) auf eine erreichbare Fertigungsqualität und den Einfluss auf das Energieaufnahmevermögen zu bestimmen. Darüber hinaus wurde eine kontinuierliche Kombination der pinverstärkten Schaumkerne mit Decklagen (z.B. MAG, Gewebe) umgesetzt. Dieser mehrlagige Sandwichaufbau wird dabei kontinuierlich durch ein geeignetes textiles Halbzeug wie z.B. einen Geflechtschlauch umschlossen. Der Bau des Technologie-Demonstrators erfolgte durch die Forschungsstelle. Verschiedene Faser-Halbzeuge (auf Basis von z.B. Kohlenstoff oder Glas) wurden im Hinblick auf eine Anwendbarkeit für Multistegprofile untersucht. Die Drapierbarkeit bestehender Halbzeuge wurde in Bezug auf das Referenzbauteil bewertet. Es wurden textile Halbzeuge der Firmen GUSTAV GERSTER GmbH und SAERTEX GmbH genutzt.
Schließlich wurde eine kontinuierliche arbeitende Prozesskette zur Preformherstellung und -handhabung entwickelt, umgesetzt und mit geeigneten Fertigungsversuchen validiert. Vor dem Injektionswerkzeug positioniert, konnte somit eine kontinuierliche Preformbereitstellung für die PRTM Prozesskette realisiert werden. Die für dieses Arbeitspaket hergestellten Multistegplatten-Preforms dienten als Ausgangsmaterial für die nachfolgenden Arbeitspakete.

4.1 Werkzeugentwicklung zum kontinuierlichen Preforming

Für die gegebene Problemstellung des kontinuierlichen Preforming sind sowohl einstufige, als auch mehrstufige Lösungsansätze denkbar. Als einstufig sollen hierbei alle Verfahren bezeichnet werden, bei denen die Drapierung des textilen Halbzeugs in einem Schritt geschieht. Ein Beispiel hierfür stellt das Flecht-Wickel-Preformen dar. Eine Umsetzung dieses Verfahrens geschah innerhalb dieses Vorhabens aufgrund mangelnder Anlagentechnik (geeignetes Fadenauge) nicht. Hinzu kommt die Vorgabe, dass flächige textile Halbzeuge verwendet werden sollen. Unter dieser Voraussetzung stellt die Wirkweise in gewisser Weise eine Adaption des Flecht-Wickel-Preformens auf die gegebene Problemstellung dar. Hierzu sind vier Ansätze denkbar, die in der Abbildung 24 dargestellt sind.

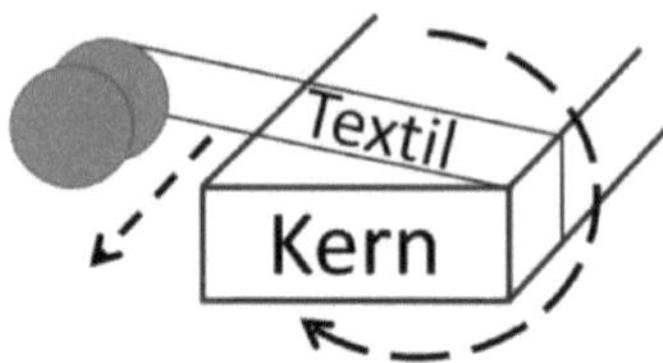

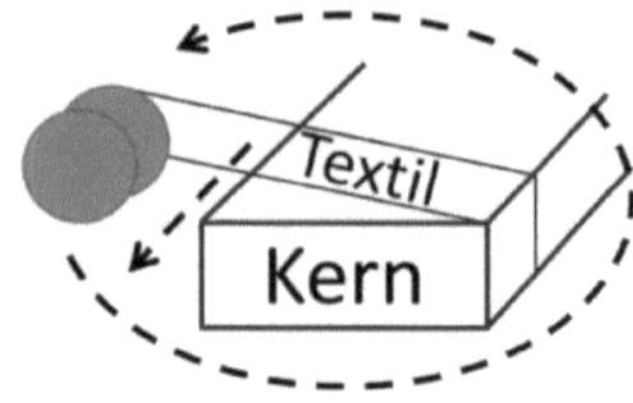

- „Starre" Spule
- Rotation und Translation des Schaumkerns

- Rotierende Spule
- Translation des Schaumkerns

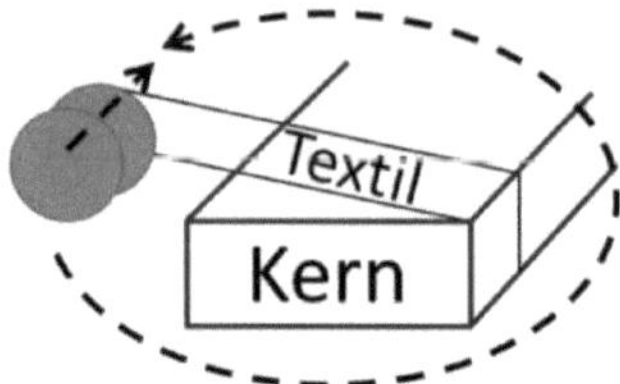

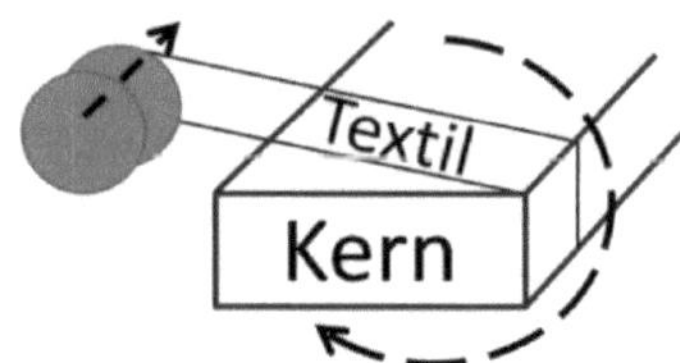

- „Starrer" Schaumkern
- Rotation und Translation der Spule

- Translation der Spule
- Rotierender Schaumkern

Abbildung 24: Vier verschiedene Formen eines "Wickelansatzes" mit flächigem textilen Halbzeug

Allerdings wurde sich frühzeitig gegen einen solchen Ansatz entschieden und dieser nicht näher detailliert, da zum einen ein großer apparativer und steuerungstechnischer Aufwand nötig ist, um in einem kontinuierlichen Prozess entweder den Kern oder die Spule rotieren zu lassen und zum anderen eine seitliche Zufuhr des textilen Halbzeugs eine Vielzahl von Kanten sowie Überlappungen bedingt. Hinzu kommt die Tatsache, dass bei Wahl einer Variante mit rotierendem Schaumkern die Integration des Verfahrens in einen herkömmlichen PRTM praktisch nicht realisierbar wäre.
Intensiver wurden allerdings folgende Ansätze betrachtet:

Konzept „Werkzeugtunnel"

Das Konzept „Werkzeugtunnel" beinhaltet vor einem kontinuierlichen Ablauf zunächst einige manuelle Arbeitsschritte. Hierbei wird der erste Kern per Hand umwickelt und das textile Halbzeug an der Überlappung fixiert. Anschließend soll der Verbund aus Kern und Textil kontinuierlich durch einen „Werkzeugtunnel" gezogen werden. Hierbei wird sich der Effekt einer „Zwangsführung" des Geleges zu Nutze gemacht, welche sich bei Vorschub nach der einmaligen Fixierung einstellt. Das textile Halbzeug wird kontinuierlich dazu „gezwungen" sich in der manuell vorgegebenen Weise um den Kern zu drapieren. Weitere Kerne können dann jeweils nachgeführt werden. Dieses Konzept ist mit Catia V5 in CAD modelliert worden und in der Abbildung 25 dargestellt.

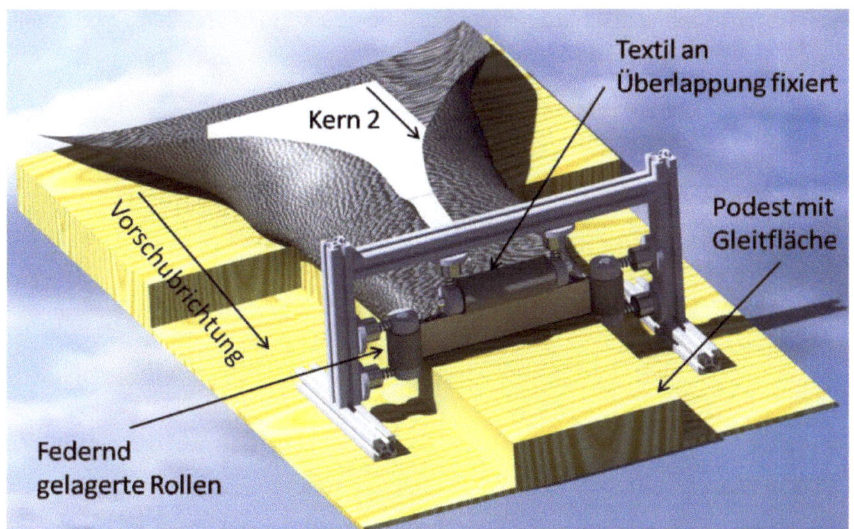

Abbildung 25: Konzept "Werkzeugtunnel" (in CAD modelliert)

Der „Werkzeugtunnel" ist in diesem Fall – wie dargestellt – als eine Anordnung von zwei seitlichen und einer oberen Rolle modelliert worden, welche jeweils federnd gelagert sind. Diese Federung ermöglicht zum einen – mit Hilfe der veränderbaren Federvorspannung – eine flexible Einstellung des Drucks auf das textile Halbzeug während der Drapierung und zum anderen die Sicherstellung der Funktionalität auch bei größeren Unebenheiten und Änderungen in der Breite des Schaumkerns. Die Unterseite wird über ein Podest einer möglichst reibungsarmen Gleitfläche (beispielsweise aus PTFE) gezogen. Der Vorschub soll dabei über die „Puller" der Pultrusionsanlage generiert werden, sodass für die Funktionalität in diesem Fall eine Integration des Aufbaus in den Pultrusionsprozess Voraussetzung ist.

Der Pfad im Morphologischen Kasten, dem dieses Konzept zu Grunde liegt, ist in Tabelle 6 dargestellt. Hierbei wird bei zwei Teilfunktionen eine zweite Variante aufgezeigt, die durch den Buchstaben b gekennzeichnet ist. So ist es ebenso denkbar – statt Verwendung der Rollen – als Werkzeug einen einfachen Quader mit innen aufgefräster Kontur des Preforms und möglichst reibungsarmer Oberfläche zu verwenden. Diese Variante ist simpler in der Anlagentechnik, allerdings weniger flexibel als bei Verwendung von federnd gelagerten Rollen, sodass sie hier nur als generelle Möglichkeit erwähnt werden soll. Sowohl bei diesem, als auch bei allen weiteren Konzepten, wird unter der Teilfunktion 9 „Fixierung an Überlappung" statt der konkreten Wahl eines Lösungsansatzes eine Priorisierung durchgeführt, die über die Ziffern 1 (Priorität) und 2 gekennzeichnet ist. So soll nach Möglichkeit eine zusätzliche Fixierung im Bereich der Überlappung des Geleges vermieden werden. Voraussetzung hierzu ist, dass das Konzept eine ausreichende Formstabilität des Preforms bis zur anschließenden Imprägnierung ermöglicht. Sollte sich im Versuch zeigen, dass dies nicht der Fall ist, könnte dann auf den entsprechenden Lösungsansatz unter Priorität 2 zurückgegriffen werden. Da in diesem Vorhaben ein bereits bebindertes Textil zum Einsatz kommt, bietet sich hier insbesondere die Verwendung eines Heizelementes an, um das

Bindersystem kontinuierlich thermisch aktivieren zu können und das Textil somit gezielt im Bereich der Überlappung zu verkleben.

Tabelle 6: Pfad im Morphologischen Kasten für das Konzept "Werkzeugtunnel"

Teilfunktionen	Lösungen A	B	C	D
1 Verfahrensschritte	Einstufig	Mehrstufig		
2 Einlegen der Schaumkerne	Manuell einlegen	Mit Roboter platzieren	Mit Pneumatikzylinder seitlich zuführen	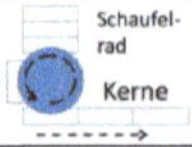 Schaufelrad / Kerne
3 Zufuhr des textilen Halbzeugs und Wirkbewegung	3.1 Von Seite			
	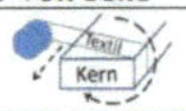 Textil / Kern	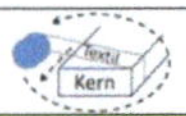 Textil / Kern	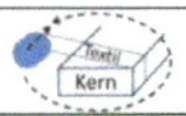 Textil / Kern	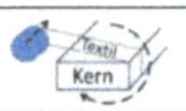 Textil / Kern
	3.2 Von Hinten			
	 Spule / Textil / Kern	 Spule / Textil / Kern		
4 Vorschub	„Puller" von Pultrusionsanlage	„Pusher": Druckeinheit für Kerne	Riementrieb	Seilwinde
5 Drapierung an Unterseite	Gleitfläche	Rollenbahn	Förderband / Riementrieb	
6 Seitliche Drapierung	b Gleitfläche	a Rollensystem	Riementrieb	Zug an Kante
7 Falten über obere Kanten	7.1 Druck auf Fläche			
	Seitliche Führungsbleche	Abgewinkelte Kantbleche	Kegelrollen	„Top-Werkzeug"
	7.2 Zug an Kante			
	Spalt- / Schlitzführung	Kanten zwischen Rollen klemmen		
8 Kompaktierung	b Druck- / Gleitfläche	Stempel	a Walze / Rolle	
9 Fixierung an Überlappung	Priorität 2 Heizelement (zur thermischen Aktivierung des bebinderten Halbzeugs)	Vernähen	Sprühbinder (kontinuierlich an Überlappung aufgetragen)	Priorität 1 Ausreichende Formstabilität -> keine Maßnahme nötig

Um im Folgenden die Konzepte vergleichend bewerten zu können, werden diese nun jeweils einzeln evaluiert. Grundlage dieser Bewertung ist die möglichst umfassende Erfüllung der definierten Anforderungen und Entwicklungsziele. Dabei werden auf Basis der konkreten Entwicklungsziele je Anforderung jeweils potenzielle Vorzüge des Konzeptes (mit einem „+" gekennzeichnet) und Schwachstellen (mit einem „-" gekennzeichnet) gesammelt. Ein Aspekt, der nicht eindeutig einer der beiden zuvor genannten Kategorien zugeordnet werden kann, erhält ein „o". Punkte, die als besonders bedeutend empfunden werden, können dabei auch mit „++" (besonders positiver Aspekt) oder „--" (besonders negativer Aspekt) gewichtet werden. Die Gesamtbewertung der jeweiligen Anforderung ergibt sich dann durch einfache „Addition" der Einzelbewertungen. So führen zum Beispiel die Einzelbewertungen („+", „o" und „-") zu einem „o", die Kombination („++", „-" und „o") ergibt ein „+" als Gesamtbewertung der Anforderung. Diese Ergebnisse sind dann die Basis einer vergleichenden Bewertung aller Konzepte auf deren Grundlage die optimale Lösung ausgewählt wurde.

Die dargestellte Vorgehensweise führt in diesem Fall zu der Tabelle 7. Insbesondere im Bereich der Anforderung „Hohe Preform- / Drapierqualität" kann die Bewertung dabei nur auf Basis von Erwartungen als Folge der Konzepteigenschaften erfolgen.

Tabelle 7: Evaluierung des Konzepts "Werkzeugtunnel"

Anforderung	Bewertung	Potenziale / Problemfelder
Automatisierter und kontinuierlicher Prozess	-	+ Prinzip d. „Zwangsführung" ermöglicht automatisiert-kontinuierliches Drapieren - Vorbereitende, manuelle Arbeitsschritte nötig - Konzept nicht autonom nutzbar
Universalität	o	+ Federnd gelagerte Rollen: Verschiedene textile Halbzeuge drapierbar, Ausgleich von Schwankungen in Kerngeometrie - Fast keine Einstellungs- und Variationsmöglichkeiten des Drapierprozesses
Wirtschaftlichkeit	o	+ Sehr einfaches und kostengünstiges Prinzip (Fertigung und Materialkosten) + Hohe Drapiergeschwindigkeiten erwartbar -- Handarbeit bei Serieneinsatz nötig
Hohe Preform- / Drapierqualität	--	- Viele Freiheitsgrade im Drapierprozess -> Mögliche Auswirkungen: *1. Verzug im seitlich nicht geführten Bereich des Textils -> Faltenbildung und Kompression am Werkzeugtunnel -> mögliche Faserschädigungen* *2. Mögliche Relativgeschwindigkeit von Kern und Halbzeug -> Reibung* *3. Reibung an Unterseite (zw. Podest und Textil)* -> jeweils mögliche Minderung der Preformqualität - Preformqualität abhängig von Genauigkeit der manuellen Vorbereitung

Konzept „Kantenführung"

Ein weiteres entwickeltes einstufiges Konzept stellt die so genannte „Kantenführung" dar. Hierbei sind im Gegensatz zum „Werkzeugtunnel" keine vorbereitenden manuellen Arbeitsschritte nötig. Das zugrunde liegende Wirkprinzip unterscheidet sich dabei insofern von allen anderen entwickelten Ansätzen, als dass es nicht auf einer druckbasierten, sondern auf einer zugbasierten Drapierung beruht. Hierzu werden die beiden freien Kanten des flächigen textilen Halbzeugs von einer Führung aufgenommen, deren Bahn einer Helix folgt und den Weg der Drapierung um die Schaumkerne bestimmt, die kontinuierlich von hinten nachgeführt werden können. Um dabei eine saubere, faltenfreie Überlappung erzielen zu können, wird eine sequenzielle Drapierung beider Kanten über eine leichte Verschiebung der beiden Kantenführungen in Vorschubrichtung vorgesehen. Auch für dieses Konzept ist mit Catia V5 ein CAD-Modell generiert worden, welches in Abbildung 26 dargestellt ist. Auf die Modellierung eines Podestes an der Unterseite und eines geeigneten Stativs zur Fixierung der beiden Führungen ist dabei verzichtet worden, da hier nur die generelle Wirkweise des Konzeptes verdeutlicht werden soll.

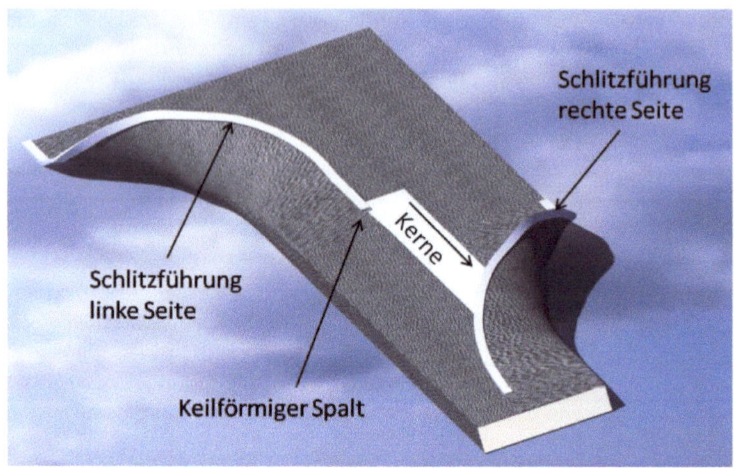

Abbildung 26: Konzept "Kantenführung" (in CAD modelliert)

Wie dargestellt, ist die Aufnahme des Textils in diesem Fall als eine so genannte „Schlitzführung" realisiert worden. Durch diesen soll das textile Halbzeug kontinuierlich gezogen werden. Hieraus folgen unmittelbar zwei Anforderungen an die Führung: Auf der einen Seite muss diese in Vorschubrichtung das Textil möglichst reibungsarm passieren lassen, gleichzeitig aber auch stark genug klemmen, um ein Herausrutschen zu verhindern. Als Ansatz hierzu ist der Schlitz als keilförmiger Spalt modelliert worden. Eine weitere Möglichkeit zeigt der in Tabelle 8 dargestellte Pfad b im Morphologischen Kasten.

Tabelle 8: Pfad im Morphologischen Kasten für das Konzept "Kantenführung"

Lösungen Teilfunktionen	A	B	C	D
1 Verfahrensschritte	Einstufig	Mehrstufig		
2 Einlegen der Schaumkerne	Manuell einlegen	Mit Roboter platzieren	Mit Pneumatik-zylinder seitlich zuführen	Schaufel-rad Kerne
3 Zufuhr des textilen Halbzeugs und Wirkbewegung	3.1 Von Seite			
	3.2 Von Hinten			
4 Vorschub	„Puller" von Pultrusionsanlage	„Pusher": Druck-einheit für Kerne	Riementrieb	Seilwinde
5 Drapierung an Unterseite	Gleitfläche	Rollenbahn	Förderband / Riementrieb	

6	Seitliche Drapierung	Gleitfläche	Rollensystem	Riementrieb	Zug an Kante
7	Falten über obere Kanten	**7.1 Druck auf Fläche**			
		Seitliche Führungsbleche	Abgewinkelte Kantbleche	Kegelrollen	„Top-Werkzeug"
		7.2 Zug an Kante			
		a Spalt- / Schlitzführung	**b** Kanten zwischen Rollen klemmen		
8	Kompaktierung	Druck- / Gleitfläche	Stempel	Walze / Rolle	
9	Fixierung an Überlappung	**Priorität 2** Heizelement (zur thermischen Aktivierung des bebinderten Halbzeugs)	Vernähen	Sprühbinder (kontinuierlich an Überlappung aufgetragen)	**Priorität 1** Ausreichende Formstabilität -> keine Maßnahme nötig

Anstelle der modellierten Schlitzführung ist es demnach auch denkbar, dass die Kanten des textilen Halbzeugs zwischen einer oberen und einer unteren, ggf. gefederten, Rollenbahn geklemmt werden. Dieser Ansatz ist konstruktiv und fertigungstechnisch deutlich anspruchsvoller, würde allerdings mit Hilfe der einstellbaren Federvorspannung die Flexibilität dieses Konzeptes ein wenig steigern.

Auch in diesem Fall erfolgt eine Evaluierung des vorgestellten Ansatzes nach der zuvor festgelegten Vorgehensweise. Die Ergebnisse hierzu zeigt die Tabelle 9.

Tabelle 9: Evaluierung des Konzepts "Kantenführung"

Anforderung	Bewertung	Potenziale / Problemfelder
Automatisierter und kontinuierlicher Prozess	o	+ Prinzip ermöglicht automatisiert-kontinuierlichen Ablauf, ohne manuelle Arbeitsschritte - Konzept nicht autonom nutzbar
Universalität	--	- keine beliebige Nutzbarkeit verschiedener textiler Halbzeuge, da nicht beliebige Dicken aufgenommen werden können; Probleme bei Variationen in der Breite - keine Einstellungs- und Variationsmöglichkeiten des Drapierprozesses
Wirtschaftlichkeit	+	o wenige Bauteile, allerdings aufwendig in der Fertigung + Hohe Drapiergeschwindigkeiten erwartbar
Hohe Preform- / Drapierqualität	+	++ exakte, immer gleichbleibende Ausrichtung - Bei Vorschub nur Reibung an Unterseite und bei Kanten -> Scherkraftkomponenten -> mögliche Änderungen in der Faserorientierung und Faserschädigungen

Neben den vorgestellten einstufigen Verfahren, bei denen die Drapierung des textilen Halbzeugs in einem Schritt geschieht, sind auch mehrstufige Konzepte entwickelt worden. Ein Beispiel hierfür stellt ein Rollformen dar, bei welchem der gewünschte Endquerschnitt des Preforms inkrementell erzeugt wird. An dieser grundlegenden Herangehensweise einer inkrementellen Drapierung orientieren sich auch die in diesem Kapitel entwickelten Konzepte.

Konzept „Seitenführung mit Gleitwerkzeug"

Ein erstes mehrstufiges Konzept, das an dieser Stelle vorgestellt werden soll, ist die so genannte "Seitenführung mit Gleitwerkzeug". Hierbei erfolgt die inkrementelle Drapierung in vier Schritten. Diese sind, zusammen mit dem in CAD modellierten Konzept, in der Abbildung 27 dargestellt.

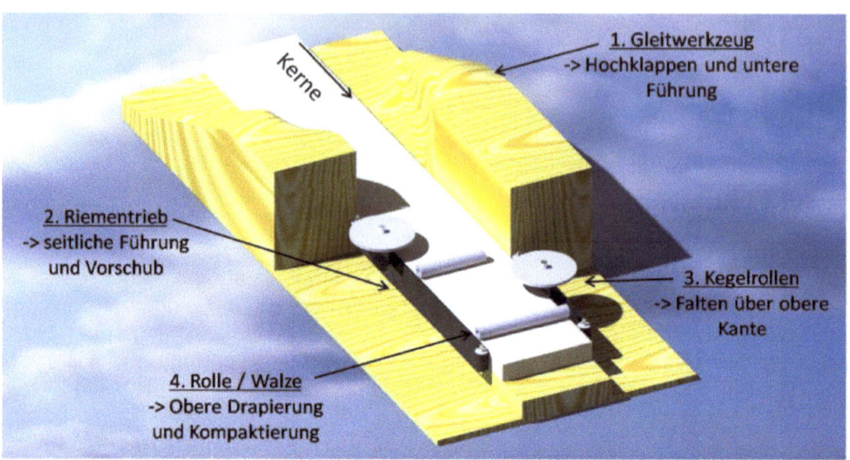

Abbildung 27: Konzept "Seitenführung mit Gleitwerkzeug" (in CAD modelliert)

Das „Gleitwerkzeug" besitzt dabei eine Kontur mit möglichst glatter Oberfläche, die in einem ersten Schritt das textile Halbzeug an den Seiten des Kerns hochklappt und gleichzeitig die untere Führung während der gesamten Drapierung darstellt. Am Ende der seitlichen Kontur des Werkzeugs wird die seitliche Führung von Textil und Kern dann von zwei Riementrieben übernommen. Nach Überwindung der Anlaufreibung hat ein solcher Ansatz der seitlichen Drapierung gegenüber einer starren Führung den Vorteil, dass in diesem Bereich keine Relativbewegung und somit keine Reibung zwischen Textil und Werkzeug auftritt. Gleichzeitig kann ein solcher Riementrieb auch zur Generierung des Vorschubs verwendet werden, was wiederum der Umsetzung der Anforderung einer autonom arbeitenden Anlage entspricht. Als dritter inkrementeller Schritt folgt dann das Falten des Textils über die oberen Kanten des Schaumkerns. Um dabei eine saubere, faltenfreie Überlappung erzielen zu können, soll dies wiederum auf beiden Seiten sequenziell geschehen, sodass die hierfür eingesetzten Kegelrollen in Vorschubrichtung versetzt zueinander positioniert sind. Im abschließenden vierten Schritt wird dann das Textil mit Hilfe zweier horizontal ausgerichteter Rollen an der Oberseite des Schaumkerns drapiert und der Preform kompaktiert.
Der diesem Konzept zu Grunde liegende Pfad im Morphologischen Kasten ist in Tabelle 10 dargestellt.

Lösungen / Teilfunktionen		A	B	C	D
1	Verfahrensschritte	Einstufig	Mehrstufig		
2	Einlegen der Schaumkerne	Manuell einlegen	Mit Roboter platzieren	Mit Pneumatik-zylinder seitlich zuführen	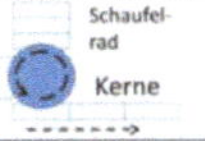 Schaufel-rad / Kerne
3	Zufuhr des textilen Halbzeugs und Wirkbewegung	3.1 Von Seite			
		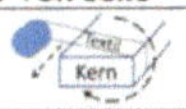 Textil / Kern	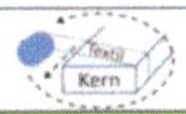 Textil / Kern	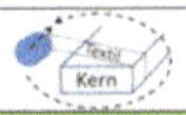 Textil / Kern	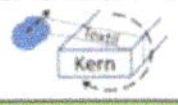 Textil / Kern
		3.2 Von Hinten			
		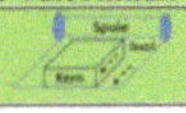 Spule / Textil / Kern	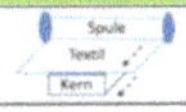 Spule / Textil / Kern		
4	Vorschub	„Puller" von Pultrusionsanlage	„Pusher": Druck-einheit für Kerne	Riementrieb	Seilwinde
5	Drapierung an Unterseite	Gleitfläche	Rollenbahn	Förderband / Riementrieb	
6	Seitliche Drapierung	Gleitfläche	Rollensystem	Riementrieb	Zug an Kante
7	Falten über obere Kanten	7.1 Druck auf Fläche			
		Seitliche Führungsbleche	Abgewinkelte Kantbleche	Kegelrollen	„Top-Werkzeug"
		7.2 Zug an Kante			
		Spalt- / Schlitzführung	Kanten zwischen Rollen klemmen		
8	Kompaktierung	Druck- / Gleitfläche	Stempel	Walze / Rolle	
9	Fixierung an Überlappung	Priorität 2 — Heizelement (zur thermischen Aktivierung des bebinderten Halbzeugs)	Vernähen	Sprühbinder (kontinuierlich an Überlappung aufgetragen)	Priorität 1 — Ausreichende Formstabilität -> keine Maßnahme nötig

Abschließend erfolgt erneut eine Evaluierung nach den zuvor definierten Vorgaben. Die auf diesem Wege entstandene Bewertung des Konzepts „Seitenführung mit Gleitwerkzeug" zeigt die Tabelle 11.

Anforderung	Bewertung	Potenziale / Problemfelder
Automatisierter und kontinuierlicher Prozess	++	+ Prinzip ermöglicht automatisiert-kontinuierlichen Ablauf, ohne manuelle Arbeitsschritte + Konzept auch autonom nutzbar
Universalität	+	+ Nutzbarkeit verschiedener textiler Halbzeuge o Flexibilität: Einstellungs- und Variationsmöglichkeiten des Drapierprozesses nur im Bereich ohne Gleitwerkzeug gegeben
Wirtschaftlichkeit	-	- Relativ viele Bauteile -> Fertigungskosten - Gleitwerkzeug -> hohe Materialkosten + Hohe Drapiergeschwindigkeiten erwartbar
Hohe Preform- / Drapierqualität	+	+ Riementrieb: In diesem Bereich seitlicher Drapierung keine Relativbewegung zw. Textil und Werkzeug -> keine Reibung - Reibung an Unterseite -> Scherkraft zur seitlichen Drapierung -> mögliche Änderungen in der Faserorientierung und Faserschädigungen + Einstellungs- und Variationsmöglichkeiten -> Potenzial einer Drapiereinstellung mit hoher Preformqualität

Konzept „Seitenführung mit Förderband"

Ein weiteres mehrstufiges Konzept stellt die so genannte „Seitenführung mit Förderband" dar. Dieses hat Ähnlichkeiten mit dem zuvor vorgestellten Ansatz, allerdings erfolgt das Hochklappen des Textils in diesem Fall mit Hilfe eines Rollensystems. Vor allem aber werden nun Kern und Textil nicht mehr über eine Gleitfläche geführt, sondern über ein Transportband, welches parallel den Vorschub generiert. Den zugrunde liegenden fünfstufigen Ansatz der Drapierung zeigt die Abbildung 28.

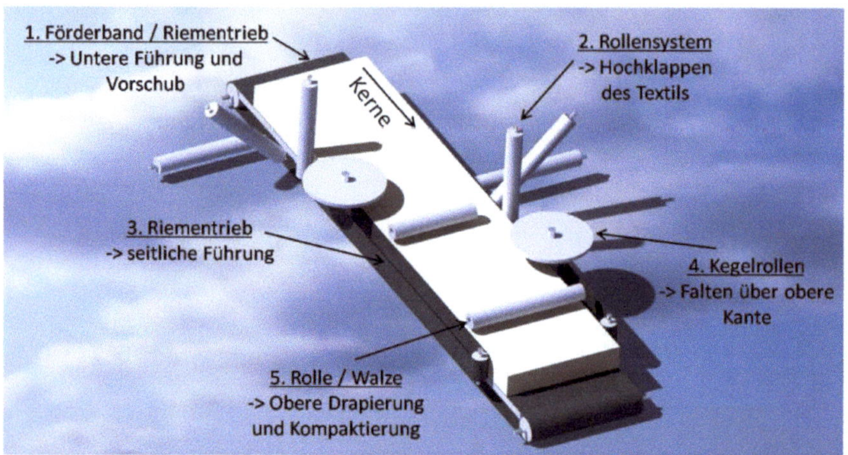

Abbildung 28: Konzept „Seitenführung mit Förderband" (in CAD modelliert)

Die einzelnen Rollen des dargestellten Rollensystems sollen dabei im Winkel verstellbar sein und somit in diesem Bereich die Flexibilität des Drapierprozesses erhöhen. Weitere Vorzüge dieses Konzeptes gegenüber der „Seitenführung mit Gleitwerkzeug" ergeben sich durch den Einsatz eines Transportbandes an der Unterseite. Auf diesem Wege kann die Gesamtreibung zwischen Textil und Werkzeug im Prozess deutlich reduziert werden, da nach Überwindung der Anlaufreibung sowohl im Bereich der seitlichen Riemen als auch an der vollständigen Unterseite keine Relativbewegung mehr zwischen den potenziellen Reibpartnern entsteht. Durch die Übertragung des Vorschubes mit Hilfe des Transportbandes vergrößert sich zudem - im Gegensatz zu einem Antrieb über die seitlichen Riemen - die Fläche, über die die Kräfte eingeleitet werden. Dadurch sinkt im Falle einer autonomen Nutzung des Werkzeugs insgesamt auch die durch den Antrieb verursachte Beanspruchung auf den Vorformling. Gleichzeitig bleibt aber auch eine „passive Nutzung" des Werkzeugs, integriert in einen Pultrusionsprozess, ohne weiteres möglich. Denn in einem solchen Fall, in dem der Vorschub über die intermittierend eingreifenden „Puller" der Pultrusionsanlage erzeugt wird, würden die Transportbänder des Werkzeugs passiv über die Anlaufreibung in Bewegung gesetzt werden.
Auch für dieses Konzept wird der zu Grunde liegende Pfad im Morphologischen Kasten in der Tabelle 12 dargestellt.

Tabelle 12: Pfad im Morphologischen Kasten für das Konzept "Seitenführung mit Förderband"

Lösungen / Teilfunktionen		A	B	C	D
1	Verfahrensschritte	Einstufig	Mehrstufig		
2	Einlegen der Schaumkerne	Manuell einlegen	Mit Roboter platzieren	Mit Pneumatik-zylinder seitlich zuführen	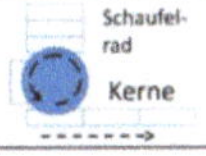 Schaufel-rad / Kerne
3	Zufuhr des textilen Halbzeugs und Wirkbewegung	**3.1 Von Seite**			
			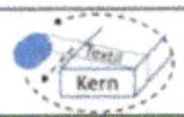	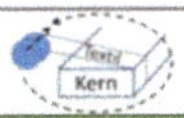	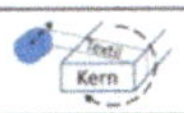
		3.2 Von Hinten			
		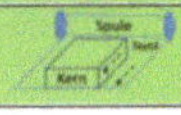			
4	Vorschub	„Puller" von Pultrusionsanlage	„Pusher": Druck-einheit für Kerne	Riementrieb	Seilwinde
5	Drapierung an Unterseite	Gleitfläche	Rollenbahn	Förderband / Riementrieb	
6	Seitliche Drapierung	Gleitfläche	Rollensystem	Riementrieb	Zug an Kante
7	Falten über obere Kanten	**7.1 Druck auf Fläche**			
		Seitliche Führungsbleche	Abgewinkelte Kantbleche	Kegelrollen	„Top-Werkzeug"
		7.2 Zug an Kante			
		Spalt- / Schlitzführung	Kanten zwischen Rollen klemmen		
8	Kompaktierung	Druck- / Gleitfläche	Stempel	Walze / Rolle	
9	Fixierung an Überlappung	**Priorität 2** Heizelement (zur thermischen Aktivierung des bebinderten Halbzeugs)	Vernähen	Sprühbinder (kontinuierlich an Überlappung auf-getragen)	**Priorität 1** Ausreichende Formstabilität -> keine Maßnahme nötig

Die zuvor definierten Vorgaben führen in diesem Fall zu einer Bewertung, die
die Tabelle 13 zeigt.

Tabelle 13: Evaluierung des Konzepts "Seitenführung mit Förderband"

Anforderung	Bewertung	Potenziale / Problemfelder
Automatisierter und kontinuierlicher Prozess	++	+ Prinzip ermöglicht automatisiert-kontinuierlichen Ablauf, ohne manuelle Arbeitsschritte + Konzept auch autonom nutzbar
Universalität	++	+ Nutzbarkeit verschiedender textiler Halbzeuge + Flexibilität: Zahlreiche Einstellungs- und Variationsmöglichkeiten des Drapierprozesses
Wirtschaftlichkeit	o	- Relativ viele Bauteile -> Fertigungskosten + Hohe Drapiergeschwindigkeiten erwartbar
Hohe Preform- / Drapierqualität	++	+ Förderband und seitliche Riemen: Hier keine Relativbewegung zw. Textil und Werkzeug -> keine Reibung -> Wahrscheinlichkeit für Faserschädigungen gering + Vielzahl von Einstellungs- und Variationsmöglichkeiten -> Potenzial einer Drapiereinstellung mit hoher Preformqualität

Auswahl des Konzeptes

Am Ende des Kapitels werden nun die zuvor einzeln evaluierten Konzepte vergleichend gegenübergestellt und sich dann auf dieser Basis für einen Ansatz entschieden, der im Folgenden umgesetzt werden soll. Hierzu dient die Tabelle 14, in der zeilenweise die weiter oben entwickelten Bewertungen der vier präsentierten Konzepte zusammengetragen sind. Um dabei auf recht einfache Weise jeweils eine gemittelte Gesamtbewertung erzielen zu können, wird die zuvor definierte Bewertungsskala von „--", über „o", bis „++" in eine äquivalente Skala von 1 ($\triangleq$ „--"), über „3" ($\triangleq$ „o"), bis 5 ($\triangleq$ „++") überführt. Bei der anschließenden Mittelwertbildung je Konzept werden die Ergebnisse im Bereich „Wirtschaftlichkeit" und „Hohe Preformqualität" dabei – aufgrund der besonderen Bedeutung dieser beiden Anforderungssegmente – doppelt gewichtet.
Dieses Vorgehen führt zu einer eindeutigen Entscheidung für das Konzept **„Seitenführung mit Förderband"**, da es deutlich das größte Potenzial besitzt, die definierten Ziele und Anforderungen zu erfüllen.

Tabelle 14: Wahl eines Konzeptes

Anforderung / Konzept	Autom. u. kontinuierlicher Prozess	Universalität	Wirtschaftlichkeit **(x2)**	Hohe Preformqualität **(x2)**	Gesamtbewertung **(1-5)**
Werkzeugtunnel	- (2)	o (3)	o (3)	-- (1)	**2,2**
Kantenführung	o (3)	-- (1)	+ (4)	+ (4)	**3,3**
Seitenführung mit Gleitwerkzeug	++ (5)	+ (4)	- (2)	+ (4)	**3,5**
Seitenführung mit Förderband	++ (5)	++ (5)	o (3)	++ (5)	**4,3**

4.2 Bau eines Preformingdemonstrators

Die ausgewählte Variante der Preforminganlage „Seitenführung mit Förderband" wurde mit Standardbauteilen wie Aluminiumprofilen, Rollen etc. realisiert.

Nachdem durch die Dimensionierung der Riementriebe das Grundgerüst der Anlage definiert war, alle nötigen Rollen und deren Lagerung ausgelegt waren und diese durch die Wahl geeigneter Befestigungstechnik flexibel am Grundgerüst fixiert werden konnten, konnte die Gesamtkonstruktion durch Zusammenführung der Einzelkomponenten und Montage erstellt werden. Dieses Vorgehen beinhaltet dabei auch die Ergänzung von weiteren Einzelelementen. Hierzu zählt zum einen die Konstruktion einer geeigneten Vorrichtung zur Aufnahme und Lagerung der Spule, von der das textile Halbzeug zugeführt werden soll. Verwendet wird dabei der Typ „LM 630/127" der „Häfner & Krullmann GmbH" mit einer Wickelbreite von 425 mm, deren Lagerung – der obigen Argumentationskette folgend – wiederum als Gleitlagerung direkt auf einer Stahlachse realisiert wurde. Ebenfalls ist der zugehörige Spulenrahmen mit analoger Befestigungstechnik zum Rest der Anlage aufgebaut. Dabei wird bewusst auf eine Anbindung an die Anlage verzichtet, um in den Versuchen die relative Ausrichtung der Spule beliebig anpassen zu können. Ebenso werden so genannte Textilführungen vorgesehen, die ein „Durchhängen" des textilen Halbzeugs an den Seiten nach Abwicklung von der Spule verhindern sollen. Diese sind als einfache Holzplatten umgesetzt, auf deren Oberfläche zur Reibungsminderung PTFE-Folie aufgebracht ist. Diese Führungsplatten werden zusammen mit der Baugruppe „Spule" in der Abbildung 29 dargestellt.

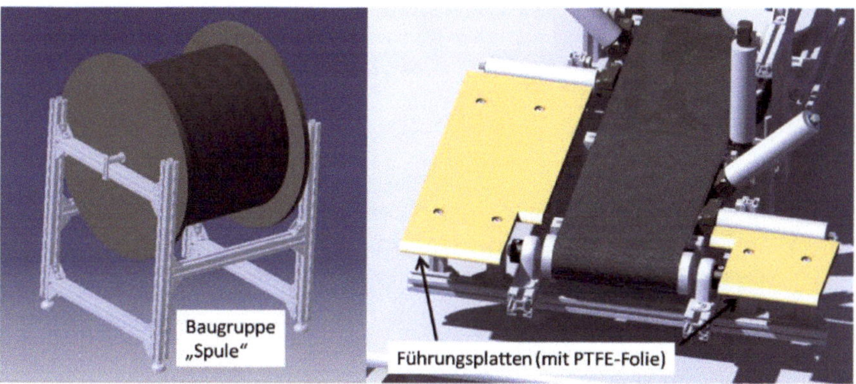

Abbildung 29: Aufnahmevorrichtung der Spule und Darstellung der Führungsplatten

Damit sind alle Konstruktionselemente ausgelegt und dimensioniert. Aus Fertigung und Montage resultiert dann eine Versuchsanlage, die ohne die Baugruppe „Spule" Außenabmessungen von ca. 1,1 m x 0,5 m und eine ungefähre Masse von 18 kg aufweist. Mit dem verwendeten Getriebemotor kann dabei eine theoretisch maximale Vorschubgeschwindigkeit von rund 20 m/min erzielt werden. Diesen Prototyp zur kontinuierlichen Vorformung der gegebenen Faserverbund-Sandwichstruktur zeigt die Abbildung 30 sowohl als CAD-Modell, wie auch als Resultat nach Fertigung und Montage.

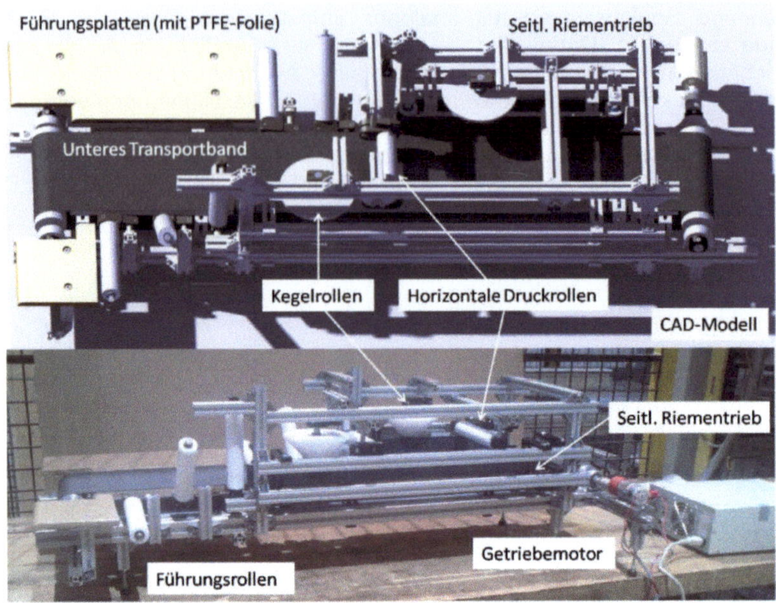

Abbildung 30: Versuchsanlage als CAD-Modell (oben) und das Resultat nach Fertigung und Montage

4.3 Prozessanalyse an Demonstratorbauteilen

In diesem Abschnitt werden die Ergebnisse der durchgeführten Drapierversuche dargestellt. Ausgangspunkt hierzu ist die kurze, stichpunktartige Übersicht über die während der Optimierungsschleifen aufgetretenen Problemfelder, die jeweilig getroffenen Maßnahmen sowie die zugehörigen Ergebnisse.

Tabelle 15: Problemfelder, Maßnahmen und zugehörige Ergebnisse der Drapierversuche

Problemfelder		Maßnahmen		Ergebnis
1.	Selbstständige Mitnahme von Textil und Kern durch Transportband zunächst nicht gegeben	Erhöhung Rollendruck der horizontalen Rollen (tiefere Position)		Maßnahme erfolgreich
2.	Vor Einzug an seitlichen Transportbändern starke Faltenbildung bis hin zur Verklemmung	Anpassung der Winkeleinstellung und Positionierung der ersten drei Führungsrollen		Maßnahme erfolgreich (vgl. Abbildung 33)
3.	Schwergängigkeit der seitlichen Transportbänder (teilweise „Durchrutschen")	Änderung der Riemenspannung, erneute Ausrichtung der Riemenrollen und Neupositionierung der seitlichen Führungsplatten		Maßnahme zur Verhinderung des „Durchrutschens" erfolgreich, weiteres Optimierungspotenzial bei genereller Schwergängigkeit (z.B. Wälzlagerkonzept)
4.	Faltenbildung vor 2. horizontaler Rolle	1.	Neupositionierung und Änderung des Winkels der 2. "45°-Umlenkrolle"	Zu 1: Verbesserung, allerdings keine grundsätzliche Behebung der Problematik (vgl. Abbildung 34)
		2.	Änderung / Erweiterung des Antriebskonzepts durch Konstruktion und Fertigung der Baugruppe „Seilwinde"	Zu 2: Maßnahme erfolgreich (vgl. Abbildung 38)

Im Folgenden sollen nun die dargestellten Problemfelder einzeln betrachtet werden. Ausgangspunkt der Versuche ist dabei die Anlage mit „neutralen" Einstellungen, das heißt die Positionierungen, Winkel und Höhen aller Rollen entsprechen den Vorgaben der Konstruktion. Diese Ausgangskonfiguration wird in mehreren Optimierungsschleifen sukzessive angepasst.

Problemfeld 1

Das Ziel der ersten Optimierungsschleife ist die Erzeugung der grundlegenden Funktionalität. Ein Aspekt, der diesem zunächst entgegen stand, war, dass sich in der beschriebenen Ausgangskonfiguration der Vortrieb des Förderbandes nicht auf Schaumkern und textiles Halbzeug übertragen haben. Das heißt die auf die Kontaktfläche wirkende Normalkraftkomponente, verursacht durch Kern und Textil, war zu gering, als das Haftung entstehen konnte. Der dabei vorliegende Zustand kann beschrieben werden mit:

$$\left|\vec{F}\right| > \left|F_H^{krit}\right| \;\Rightarrow\; \left|\vec{F}\right| > \mu_H * \left|\vec{F_N}\right| \tag{1}$$

Dabei ist $\left|\vec{F}\right|$ der Betrag der Vortrieb verursachenden Kraftkomponente des Förderbandes, durch welche die Kontaktfläche zwischen Transportband und Textil auf Scherung beansprucht wird. $\left|F_H^{krit}\right|$ stellt hingegen den Betrag der maximalen Haftreibung dar, das heißt die Grenze, bis zu der Haftung vorliegt. Wie in Ungleichung 1 dargestellt, ist diese proportional zum Betrag der Normalkraft $\vec{F_N}$. Da der Proportionalitätsfaktor μ_H, auch Haftreibungskoeffizient oder Haftreibungszahl genannt, dabei eine Konstante der beiden haftenden Medien darstellt, verbleibt folglich nur die Normalkraft $\vec{F_N}$ als Stellschraube um einen Zustand zu erreichen, bei dem gilt:

$$\left|\vec{F}\right| \leq \mu_H * \left|\vec{F_N}\right| \;\Rightarrow\; \left|\vec{F_N}\right| \geq \frac{\left|\vec{F}\right|}{\mu_H} \tag{2}$$

Wenn Ungleichung 2 erfüllt wird, liegt also die gewünschte Haftung zwischen Transportband und Textil vor. Folglich muss die Normalkraftkomponente vergrößert werden. Die Normalkraft wirkt dabei senkrecht zur Kontaktfläche und der Anpresskraft entgegen. Es gilt:

$$\left|\vec{F_N}\right| = \left|\vec{F_G}\right| + \left|\vec{F_R}\right| \tag{3}$$

Dabei ist $\vec{F_G}$ die resultierende Gewichtskraft des Verbundes aus Schaumkern und Textil, die im Schwerpunkt S beider Körper angreift. $\vec{F_R}$ soll in diesem Fall die Resultierende aller sonstigen äußeren vertikalen Kraftkomponenten darstellen. In der Versuchsanlage können diese vor allem durch eine Erhöhung des Rollendrucks der horizontalen Rollen generiert werden. Durch Einsetzen von (3) in (2) folgt:

$$\left|\vec{F_G}\right| + \left|\vec{F_R}\right| \geq \frac{\left|\vec{F}\right|}{\mu_H} \;\Rightarrow\; \left|\vec{F_R}\right| \geq \frac{\left|\vec{F}\right|}{\mu_H} - \left|\vec{F_G}\right| \tag{4}$$

Zielführend ist folglich eine Erhöhung des Rollendruckes der horizontalen Rollen. Dieses kann durch eine Absenkung dieser mit Hilfe der stufenlos verstellbaren Klemmverbinder realisiert werden.

Schematisch sind die oben dargestellten Zusammenhänge noch einmal in der Abbildung 31 zusammengefasst. Gezeigt wird dabei der gewünschte Zustand von Haftung. Das heißt die Kraftkomponente $\vec{F}$ und die Haftkraft $\overrightarrow{F_H}$ sind im Gleichgewicht, $\left| F_H^{krit} \right|$ ist unterschritten und es tritt keine Relativbewegung zwischen dargestelltem Transportband und textilem Halbzeug auf.

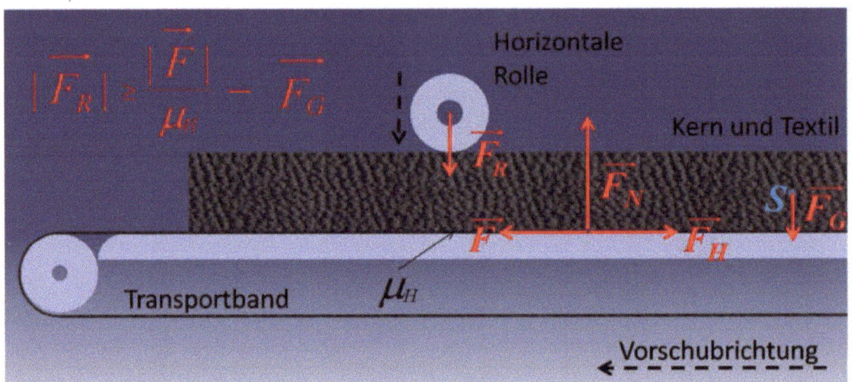

Abbildung 31: Modellhafte Kräftebilanz bei Haftung von Textil und Transportband

Auch in der Praxis zeigt die zu diesem Problemfeld erschlossene Maßnahme Erfolg. Durch eine jeweilig marginale Verringerung der Höhen der beiden horizontalen Rollen kann somit der beabsichtigte automatisiert-kontinuierliche Ablauf des Drapierprozesses erreicht werden. Weitere Optimierungsschleifen dienen nun einer schrittweisen Verbesserung der erzielten Preformqualität.

Problemfeld 2

Ein großes Optimierungspotenzial zeigte sich dabei im Einzugsbereich vor den seitlichen Transportbändern. Hier konnte ein „Aufstauen" mit Faltenbildung bis hin zur Verklemmung des textilen Halbzeuges beobachtet werden. Als Ansatz ist hierzu eine Variation der Winkeleinstellung und Positionierung der ersten drei Führungsrollen gewählt worden. In der Ausgangskonfiguration der Anlage ist dabei mit der Ausrichtungsfolge „0°-45°-90°" eine recht „bauchige" Führung hin zu den seitlichen Riemen vorgesehen. Diese verstärkt allerdings die Neigung des Textils, eine so genannte Einlaufzone auszubilden. Ziel ist deshalb, den Einzugswinkel α, der sich in diesem Bereich zwischen Bandkante des Textils und Schaumkern ausbildet, deutlich zu reduzieren. Hierzu sind zum einen die mit Hilfe der „verdrehbaren Kreuz-Klemmhalter" stufenlos verstellbaren Winkel der Führungsrollen (vgl. rechts) auf die Ausrichtungsfolge „70°-80°-90°" geändert worden. Um dabei den gewünschten Effekt der Verringerung des Einzugswinkels noch zu verstärken, wurden zum anderen auch die Rollenabstände vergrößert. Den Effekt dieser beiden Maßnahmen zeigt hierzu schematisch die Abbildung 34.

                    Schlussbericht KoMP   Faserinstitut Bremen

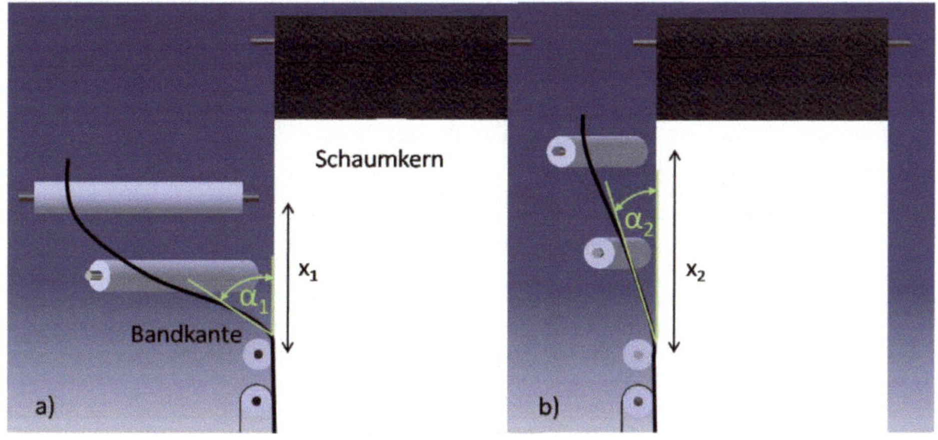

Abbildung 32: Schematische Darstellung der Maßnahmen zur Verringerung des Einzugswinkels α

Auch in diesem Fall können mit Hilfe des dargestellten Vorgehens deutliche Verbesserungen im Drapierprozess erzielt werden. Die Ausbildung der Einlaufzone kann somit auf ein Minimum reduziert werden, sodass durch diesen Abschnitt des kontinuierlichen Prozesses keine Faltenbildung des Textils mehr verursacht wird. Eine vergleichende Gegenüberstellung von Momentaufnahmen des Drapierens mit der Ausrichtungsfolge „0°-45°-90°" aus der Ausgangskonfiguration und der neuen Ausrichtung „70°-80°-90°" mit zusätzlich vergrößerten Rollenabständen zeigt hierzu die folgende Abbildung.

Abbildung 33: Momentaufnahmen des Drapierens vor (links) und nach den beschriebenen Maßnahmen

Problemfeld 3

In einer weiteren Optimierungsschleife wurde das in Tabelle 15 dargestellten Problemfeld 3 behandelt. Hierbei sind die seitlichen Transportbänder im Prozess durch Kern und Textil teilweise nicht in Bewegung gesetzt worden („Durchrutschen"). Hierfür werden zwei Ursachen ausgemacht. Zum einen eine generelle Schwergängigkeit der beiden Riementriebe, zum anderen eine zu lockere Führung, welche Haftung zwischen Transportband und Textil verhindert. Diese letztgenannte Problematik ist dabei analog zu den im Bereich des ersten

Problemfelds dargestellten Abhandlungen zu sehen (vgl. Abbildung 31). Der einzige Unterschied in diesem Fall ist, dass die Kraftkomponente $\vec{F}$, welche die Kontaktfläche auf Scherung beansprucht, in diesem Fall nicht vom passiv in Bewegung gesetzten Transportband sondern vom Textil ausgeht. Die dabei als nötige Maßnahme ermittelte Erhöhung der Normalkraftkomponente $\vec{F_N}$, lässt sich hier nun mit Hilfe einer Neupositionierung der beiden seitlichen Führungsplatten realisieren. Das hat in diesem Fall den Vorteil, dass über die Flächenlast – im Gegensatz zur Linienlast bei einer Rolle – eine gleichmäßigere Einleitung der nötigen Kraft bei insgesamt geringerem Druck erfolgen kann. Da sich bei dieser Maßnahme allerdings auch zeigt, dass eine zu große Kraft wiederum dazu führt, dass vereinzelt das Textil unter Faltenbildung verklemmen kann, ist der optimale Punkt zwischen zu geringem und zu großem Druck anzustreben. Um diesen Vorgang zu erleichtern und dabei generell das Arbeitsfenster des Prozesses zu vergrößern, wird zusätzlich über mechanische Maßnahmen das Problem der generellen Schwergängigkeit der seitlichen Riementriebe behandelt. Hierbei erfolgen eine Neuausrichtung der Riemenrollen, sowie eine leichte Verringerung der Riemenspannung mit Hilfe der Spannvorrichtung. Dies führt zu einer Verbesserung der dargestellten Problematik, sodass dann eine Positionierung der beiden Führungsplatten gesucht werden kann, die zu einer Normalkraft führt, bei der die maximale Haftreibung F_H^{krit} möglichst knapp unterschritten wird. Denn eine solche Einstellung bewirkt den angestrebten Zustand von Haftung bei kleinstmöglicher Kraft aufs Textil.

Über die Umsetzung der dargestellten Maßnahmen können somit auch hier deutliche Verbesserungen im Prozess erzielt werden. Mit Hilfe der erzeugten Haftung wird ein „Durchrutschen" mit entsprechender Reibung verhindert, gleichzeitig bleibt die Kraftgrenze, bei der im seitlichen Bereich Faltenbildung auftritt, unterschritten. Optimierungspotenzial besteht hingegen weiterhin in der Laufreibung der seitlichen Transportbänder, um insgesamt das Arbeitsfenster der seitlichen Riementriebe vergrößern zu können. Ein weiterer Ansatz hierzu ist, die verwendete Gleitlagerung der Riemenrollen durch ein geeignetes Wälzlagerkonzept zu ersetzen.

Problemfeld 4

Besonders intensiv und in mehreren Optimierungsschleifen ist sich dem Problemfeld 4 nach Tabelle 15 gewidmet worden. Hierbei wird die Problematik einer Faltenbildung vor der zweiten horizontalen Rolle behandelt. Der erste Ansatz beinhaltet dabei die Änderung der Bahn des Textils bei der Hinführung zur kritischen Stelle. Dieses wird umgesetzt, indem die Kegelrolle zum einen mit Hilfe des „verdrehbaren Kreuz-Klemmhalters" um einen bestimmten Winkel gekippt und gleichzeitig ein wenig mehr zur Mitte der Anlage hin positioniert wird. Dieser Vorgang hat zwei Effekte: Zum einen wird das Textil in einem spitzeren Winkel zur horizontalen Rolle geführt, zum anderen erfährt es zusätzlich eine verstärkte Richtungskomponente zur Mitte des Schaumkerns. Das Resultat dieser Vorgehensweise zeigt vergleichend die Abbildung 34.

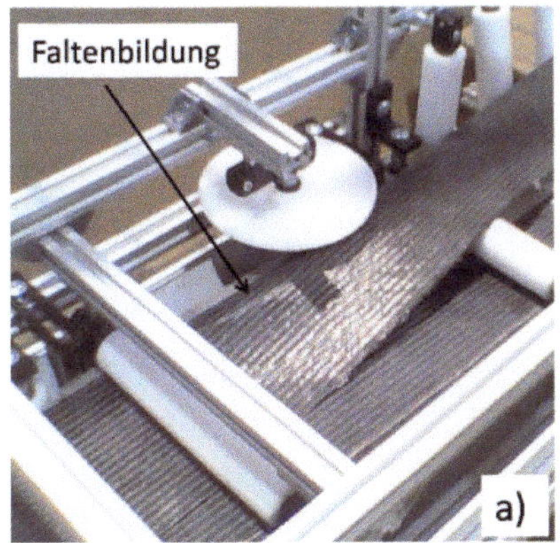

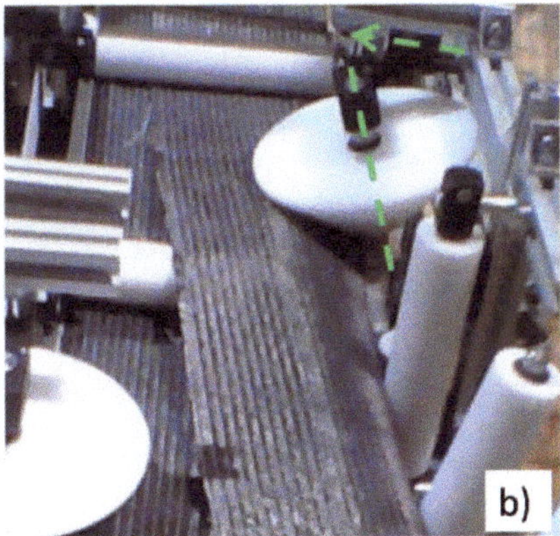

Abbildung 34: Neupositionierung und Winkeländerung der Kegelrolle

Der dargestellte Fall a) ist eine Momentaufnahme während des Drapierens mit der Ausgangspositionierung der Kegelrolle. Die Faltenbildung verstärkt sich dabei mit fortschreitendem Prozess, wobei sich das Textil immer stärker vor der horizontalen Rolle aufstaut, teilweise bis zum vollständigen Stillstand. Über die geänderte Zuführung des textilen Halbzeugs zur kritischen Stelle im Fall b) kann diese Problematik verbessert werden. Allerdings löst es nicht die generelle Tendenz zu diesem Verhalten, sondern schwächt es nur ab und verzögert somit sichtbare Auswirkungen, das heißt diese treten erst nach größerem Prozessfortschritt auf. Eine Änderung der Bahn des Textils kann zwar die Folgen der eigentlichen Ursache lindern, löst aber nicht die grundsätzliche Problematik.

Bei der modellhaften Kräftebilanz in Abbildung 31 sind nur alle für die Haftung an der Unterseite relevanten Kräfte berücksichtigt. In der Praxis besitzt die horizontale Rolle allerdings Rollreibung, die mit größer werdender vertikaler Rollenkraft steigt. Folglich muss an dieser Stelle vom textilen Halbzeug Arbeit verrichtet werden und es existiert eine Rückstellkraft $\vec{F}_{Rück}$. Diese beansprucht das gesamte textile Halbzeug auf Scherung. In dem in Abbildung 35 dargestellten Modell bewegen sich Kern und Textil ohne Relativbewegung zum Transportband (Haftung) in Vorschubrichtung. Die horizontalen Kräfte an der Unterseite sind im Gleichgewicht. An der Oberseite wirken hingegen keine äußeren Kräfte aufs Textil, bis an der Rolle die Rückstellkraft $\vec{F}_{Rück}$ auftritt. Diese bewirkt dann über eine Scherkomponente zur Unterseite den in Abbildung 34 dargestellten Verzug unter Faltenbildung.

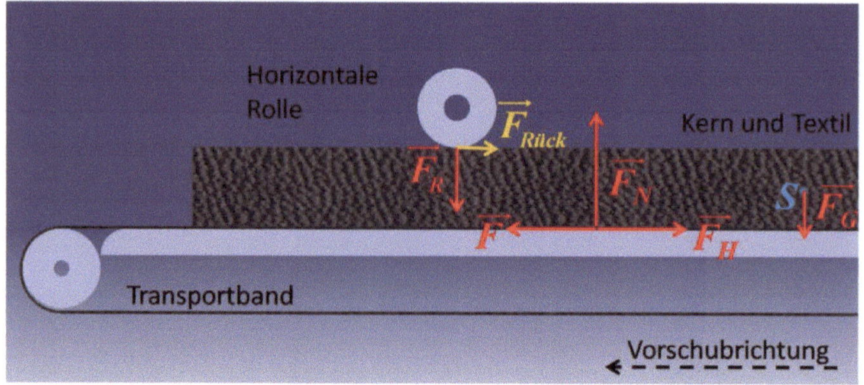

Abbildung 35: Rückstellkraft an horizontaler Rolle, die das Textil auf Scherung beansprucht

Mögliche Lösungsansätze in diesem Fall beinhalten folglich allesamt, jeweils die Rückstellkraft $\overrightarrow{F_{Rück}}$ zu minimieren. Eine mögliche Maßnahme hierzu ist, die horizontale Rolle so anzutreiben, dass deren Umfangsgeschwindigkeit der Vorschubgeschwindigkeit der Anlage entspricht. Weiter ist auch denkbar, eine weitere Druckrolle nach dem Ende des Drapiervorgangs zu installieren, mit Hilfe derer die vertikale Rollenkraft $\overrightarrow{F_R}$ der zum Drapieren eingesetzten Rolle verringert werden kann. Das heißt in diesem Fall tritt die Rückstellkraft $\overrightarrow{F_{R,Drck}}$ an einer Stelle auf, an der das Textil nicht mehr von oben unter einem Einzugswinkel zugeführt wird. Dadurch kann ein negativer Einfluss dieser Kraftkomponente auf die Preformqualität deutlich reduziert werden.

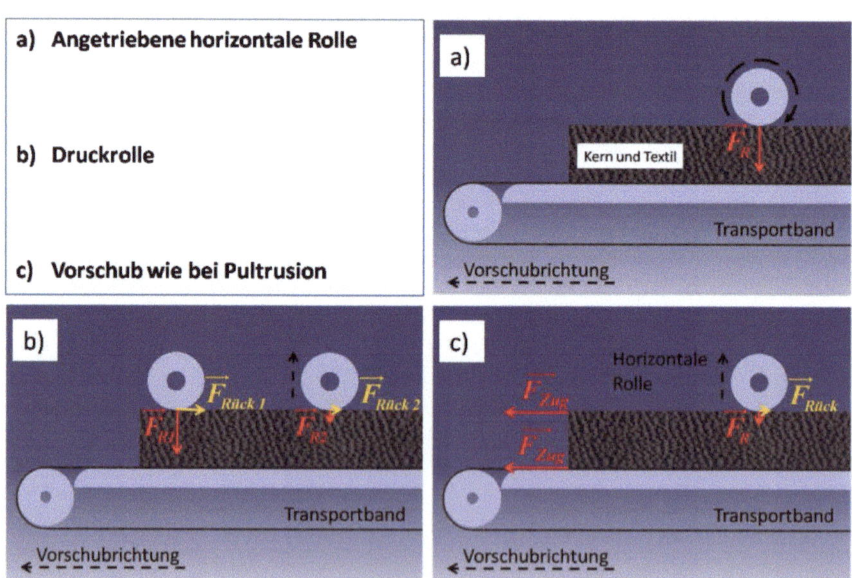

Abbildung 36: Schematische Darstellung verschiedener Ansätze zur Minimierung der Rückstellkraft $\overrightarrow{F_{R,Drck}}$

Da die entwickelte Preforming-Anlage allerdings primär zu dem Zweck entworfen wird, als Werkzeug in einen Pultrusionsprozess integriert zu werden, ist hier ein besonders naheliegender Ansatz, die Antriebsart im Versuch derer in einem Serieneinsatz anzugleichen. Denn hierbei erfolgt die Krafteinleitung mit Hilfe der Puller der Pultrusionsanlage über gleichmäßigen Zug an Ober- und Unterseite des Textils, sodass die Scherungsproblematik bei kleinerer vertikaler Rollenkraft $\overrightarrow{F_R}$ in diesem Fall deutlich reduziert ist. Eine Übersicht zu diesen drei Ansätzen, mit den jeweilig theoretischen Auswirkungen auf die zu minimierende Rückstellkraft $\overrightarrow{F_{Rück}}$, zeigt hierzu schematisch die Abbildung 36.

Um diese Situation eines Pultrusionsprozesses im Versuch simulieren zu können, wird als Erweiterung des Antriebkonzepts eine Seilwinde konstruiert und gefertigt. Bei dieser erfolgt mit Hilfe einer Klammer analog zu den Pullern der Pultrusionsanlage eine gleichmäßige Krafteinleitung an Ober- und Unterseite des Preforms. Die Verbindung mit Kern und Textil wird dabei kraftschlüssig über Anzug dreier jeweils mit einer Mutter gekonterter Schrauben hergestellt. Die Klammer wiederum ist mittig mit der Schnur der Seilwinde verbunden, deren Rollenlagerung identisch zum unteren Riementrieb mit Hilfe zweier Stehlager erfolgt. Die verwendete Drachenschnur kann dabei einfach mit Hilfe eines Knotens an der dafür vorgesehenen exzentrischen Bohrung der Rolle befestigt werden. Die Konstruktion dieser Seilwindenrolle ist dabei unter der Prämisse erfolgt, im Versuch auf einfache Weise eine zur Vorschubgeschwindigkeit des Riementriebs identische Zuggeschwindigkeit erzeugen zu können. Bei der Verwendung eines baugleichen Motors, der an die identische Spannungsversorgung angeschlossen wird, kann dieses Ziel dann einfach durch einen identischen Rollendurchmesser zu den Riemenrollen erreicht werden. Auf diese Weise wird ermöglicht, im Versuch auch parallel beide Antriebe verwenden zu können. Sowohl das erzeugte CAD-Modell der Seilwinde mit Klammer, als auch das gefertigte Resultat zeigt hierzu die Abbildung 37.

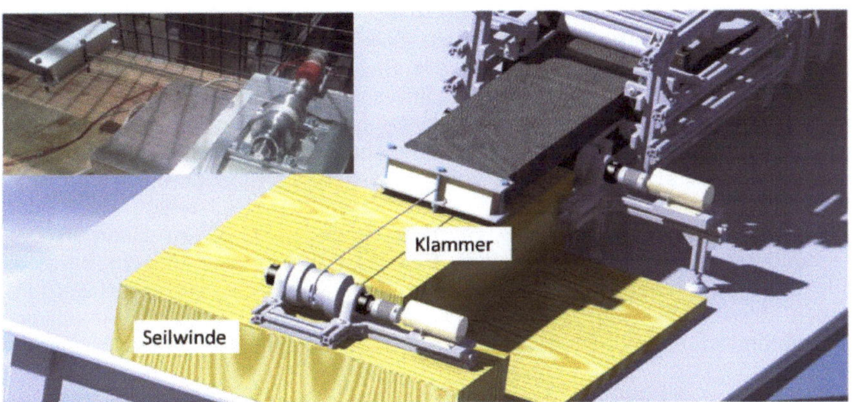

Abbildung 37: Seilwinde zur Simulation der Antriebsart bei der Pultrusion als CAD-Modell und im Versuch

Ein Nachteil dieses Antriebskonzepts ist dabei, dass die Strecke des kontinuierlichen Betriebs auf den Abstand zwischen Seilwinde und Anlage begrenzt ist, da der Vorschub nur erzeugt werden kann, bis die Vorderseite des Preforms die Seilwinde erreicht. Da dieser Ansatz allerdings nur die

Randbedingungen in einem Serieneinsatz auf der Pultrusionsanlage simulieren soll, ist der dargestellte Aufbau im Versuchsprozess dennoch zweckmäßig.

In den im Folgenden durchgeführten Versuchen zur Überprüfung, ob der positive Einfluss dieser Antriebsart in der Theorie gemäß Abbildung 36 auch in der Praxis bestätigt werden kann, erfolgen dabei jeweils mehrere vergleichende Durchläufe mit und ohne Einsatz der Seilwinde. Diese werden dabei jeweils über eine Versuchstrecke von knapp einem Meter bei einer Vorschubgeschwindigkeiten von 0,7 $\frac{m}{min}$ und 3,0 $\frac{m}{min}$ durchgeführt. Es zeigt sich, dass die in diesem Problemfeld beschriebene Problematik mit Hilfe der auf die Gegebenheiten während der Pultrusion angepassten Antriebsart vollständig verhindert werden kann. Da der horizontale Rollendruck in diesem Fall wesentlich reduziert werden konnte, ist folglich auch die Rückstellkraft $\vec{F}_{Rück}$ deutlich verringert. Eine Faltenbildung vor der zweiten horizontalen Rolle tritt somit unabhängig von der gewählten Vorschubgeschwindigkeit in dieser Konfiguration bei keinem Durchlauf auf. Für einen systematischen Vergleich des Einflusses beider Antriebsvarianten auf den Drapierprozess in dem betrachteten Abschnitt, werden dabei während der Versuche jeweils Videos von der kritischen Stelle aufgenommen. So kann aus einem konstanten Blickwinkel das Verhalten des Textils über die gesamte Versuchsstrecke für beide Varianten verglichen werden. Dabei wird deutlich, dass sich im Falle eines reinen Antriebs über den unteren Riementrieb der Einzugswinkel vor der horizontalen Rolle aufgrund der Rückstellkraft $\vec{F}_{Rück}$ über die gesamte Wegstrecke kontinuierlich vergrößert. Dieses führt dann ab einem gewissen Grad zu der beschriebenen Faltenbildung. Im Gegensatz dazu kann bei einem kombinierten Antrieb mit Riementrieb und Seilwinde, also entsprechend eines Einsatzes im Pultrusionsprozess, ein über die gesamte Strecke konstanter Winkel beobachtet werden.

Um diesen Effekt darstellen zu können, sind dabei jeweils exemplarische Screenshots der Videos als vergleichende Momentaufnahmen zu Beginn und gegen Ende des beobachteten Drapierprozesses erzeugt worden. Diese sind in der Abbildung 38 dargestellt. Die obere Zeile zeigt dabei Momentaufnahmen eines Versuches ohne Verwendung der Seilwinde (Fall a), während in der unteren Zeile eine Kombination aus Seilwinde und Riementrieb verwendet worden ist (Fall b). In der linken Spalte befinden sich jeweils Aufnahmen zu Beginn des Drapierens, rechts die Screenshots am Ende des untersuchten Prozessfortschritts. In diesem Fall vergrößert sich der Einzugswinkel im Fall a beispielsweise von $\alpha_1 = 17,7°$ auf $\alpha_2 = 55,2°$, gleichzeitig bleibt der Einzugswinkel im Fall b mit $\beta_1 = 12,4°$ und $\beta_2 = 12,3°$ im Rahmen der Messungenauigkeit nahezu konstant. Eine Faltenbildung in diesem Bereich, welche dieses Problemfeld 4 definiert, kann dabei vollständig verhindert werden. Dieses Verhalten wird dabei auch dauerhaft bei den im Anschluss durchgeführten Versuchen im Rahmen der bildanalytischen Untersuchungen bestätigt.

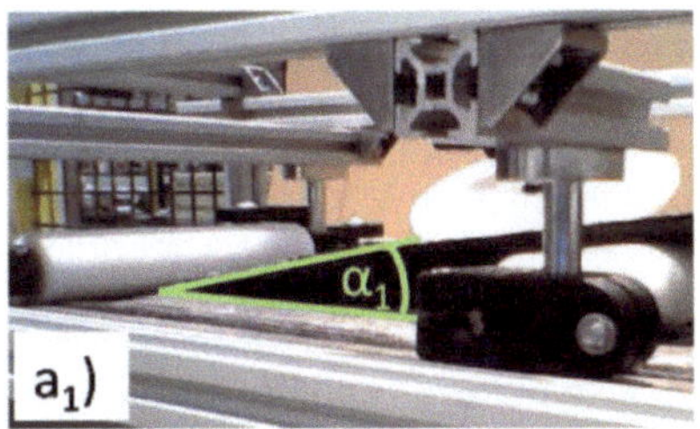

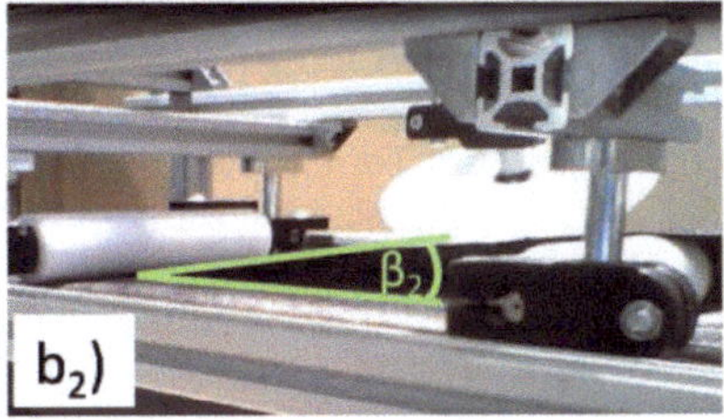

Abbildung 38: Vergleich der Einzugswinkel an der 2. horizontalen Rolle mit Verwendung der Seilwinde (Fall b, unten) und ohne diese (Fall a, oben), jeweils als Momentaufnahme zu Beginn (linke Spalte) und am Ende (rechte Spalte) des untersuchten Prozessfortschritts

Somit sind auch die in diesem Problemfeld getroffenen Maßnahmen insgesamt als erfolgreich zu bewerten. Zunächst ist dabei eine generelle Verbesserung der Problematik über eine Änderung der Bahn des Textils bei der Hinführung zur kritischen Stelle gelungen. Über die Konstruktion und Fertigung einer Seilwinde konnten dann die Randbedingungen des Antriebs im Rahmen eines Pultrusionsprozesses erfolgreich simuliert werden. Hierbei wurde deutlich, dass dieses Problemfeld 4 für diesen Fall nicht existent ist, sondern mit der entwickelten Anlage bei einem Serieneinsatz in der Pultrusion folglich auch in diesem Bereich eine faltenfreie Drapierung zu erwarten ist.

Somit konnte in allen dargestellten Optimierungsschleifen die Drapierqualität der Anlage sukzessive gesteigert werden. Diese gefundene Konfiguration ist nun Grundlage für die folgenden bildanalytischen Untersuchungen zur Bestimmung der im Rahmen dieser Arbeit erzielten Preformqualität.

5. Kontinuierliche Imprägnierung (AP3)

Die im Arbeitspaket 2 kontinuierlich gefertigten Multisteg-Preforms mit pinverstärkten Schaumkernen galt es kontinuierlich mit einem duromeren Kunststoff zu imprägnieren. Ein solcher Prozess mit dazugehörigen neuartigen Werkzeugen stellte eine weitere Besonderheit des Forschungsvorhabens dar. Es wurden Werkzeuge entwickelt, die unter Berücksichtigung der eingesetzten textilen Halbzeuge eine gute Profilfüllung der komplexen Multistegstruktur mit pinverstärkten Schaumkern realisierten. Dazu wurden Möglichkeiten zur Gewährleistung und Beeinflussung des Harzflusses insbesondere in innenliegende Bereiche der Struktur untersucht und werkzeugtechnisch umgesetzt. Eine Aushärtung der Struktur erfolgt in der nachgelagerten RTM-Presse und dem Temperofen (siehe Arbeitspaket 4).
Es wurden Injektionsstrategien und -werkzeuge abgestimmt auf eine entsprechende komplexe Strukturen entwickelt, die darüber hinaus einer kontinuierlichen Faserverbundherstellung gerecht werden und eine schnelle Faserdurchtränkung bewerkstelligten. Mit Hilfe diskontinuierlicher Infiltrationsversuchen von Multisteg-Preforms aus Arbeitspaket 2 wurde zunächst ein Verständnis für einen Harzeinfluss und Möglichkeiten zu dessen Beeinflussung generiert. Diese Erkenntnisse wurden zur Auslegung des Injektionswerkzeugs genutzt.
In Kombination mit einem kontinuierlichen Preforming Werkzeug wurden geeignete Prozessparameter zur Imprägnierung der Preforms und eine damit erreichbare Fertigungsqualität abgeschätzt. Es wurden zwei Injektionswerkzeuge entwickelt, um zwei unterschiedliche Bauteilgeometrien verarbeiten zu können. Zunächst wurde eine Verarbeitung mit reduzierten Bauteilabmessungen durchgeführt, um ein grundlegendes Verständniss zur kontinuierlichen Imprägnierbarkeit aufzubauen (Injektionswerkzeug Variante 1). Im Anschluss an diese Vorbetrachtung wurde das Injektionswerkzeug für die Referenzgeometrie entwickelt und gebaut (Injektionswerkzeug Variante 2).

Um ein besseres Verständnis für das Benetzungs- und Durchdringungsverhalten der Textilien und Schäume zu erhalten, wurden zunächst einfache Infusionsversuchen vorgenommen. Der erste Versuch wurde nach einer faserinstitutsinternen, leicht modifizierten Verfahrensanweisung [MVI09] durchgeführt. Der Unterschied zur ursprünglichen Verfahrensanweisung besteht in der Verwendung von zwei Angüssen (anstatt von einem). Durch diese Modifikation ist der Versuchsaufbau mit einem umlaufenden Anguss bei einem Injektions - Pultrusionsverfahren besser vergleichbar sein. Für die Durchführung wurden zunächst ein Schaumstoffkern, zwei Glasfasergewebelagen und die sonst noch benötigten Materialien (Fließhilfe, Lochfolie, Vakuumfolien, Dichtband, Abreißgewebe Angüsse, Kupferrohre) gemäß der Anweisung zugeschnitten und der Aufbau nach Abbildung 39 durchgeführt.

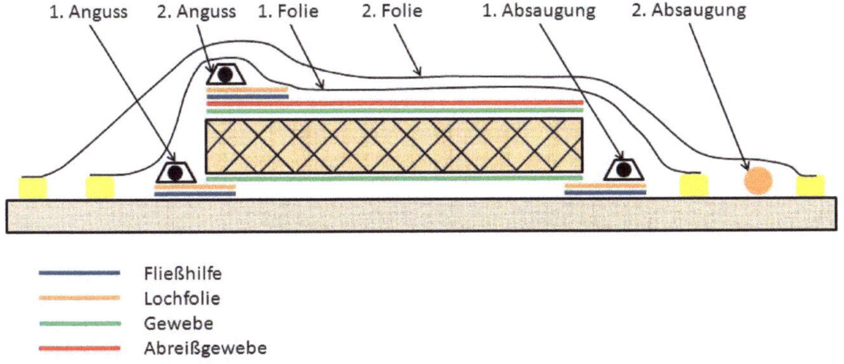

Abbildung 39; Vakuumaufbau des ersten Versuchs (schematisch Darstellung)

Die Angüsse sind mit einem Schlauch verbunden dessen anderes Ende in einen Harzbehälter getaucht wird. Die erste und zweite Absaugung ist über eine Harzfalle an eine Vakuumpumpe angeschlossen. Vor Versuchsbeginn muss ein Vakuumtest durchgeführt und mögliche undichte Stellen, durch beispielsweise Andrücken des Dichtbandes, beseitigt werden. Nachdem die Vorbereitungen erfolgreich abgeschlossen waren, konnte mit der Infusion begonnen werden. Hat die Fließfront die 1. Absaugung erreicht, sodass eine geringe Harzmenge in die Harzfalle reingelaufen ist, wurde der Schlauch der ersten Absaugung mit einem entsprechenden Werkzeug verschlossen und der Versuchsaufbau (mit laufender Vakuumpumpe durch die 2. Absaugung) zur Verfestigung des Harzes für 24 Stunden stehen gelassen. Für eine vollständige Aushärtung wurde der Aufbau für 3 Stunden bei 45 °C in einen Ofen gestellt.

Bei dem zweiten Versuch wurde anstelle der 1. Vakuumfolie eine für Luft durchlässige und für Harz undurchlässige Membran verwendet. Somit musste die erste Absaugung, nachdem diese von der Fließfront erreicht wurde, nicht abgeklemmt werden. Der restliche Aufbau entspricht dem aus dem ersten Versuch.

Bei dem dritten und vierten Versuch wurden drei Schaumstoffkerne infusioniert, wobei der jeweilige Aufbau leicht unterschiedlich war. Einmal waren die Kerne an allen sechs Seiten von einer Membran umschlossen, während diese beim vierten Versuch auf einer Platte positioniert waren (vgl. Abbildung 40).

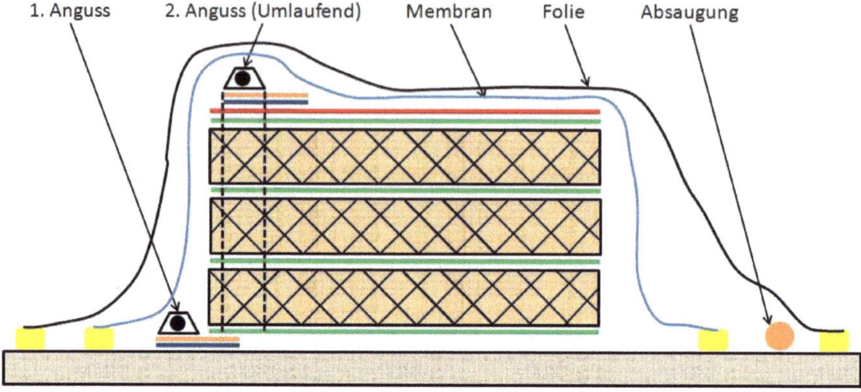

Abbildung 40: Versuchsaufbau, 3 Schaumstoffkerne (4. Versuch, schematische Darstellung)

Es wurden mehrere Infusionsversuche durchgeführt, deren Besonderheiten in Tabelle 16 zusammengefasst werden. Letztere stellt neben der Anzahl der verwendeten Kerne und dem grundlegenden Versuchsaufbau auch das Flächengewicht der imprägnierten Platte, bezogen auf einen Schaumstoffkern, dar. Zur Berechnung des Flächengewichts wurde die Masse der Gewebelagen mit dem darin befindlichen Harz (35 % Faservolumengehalt) vom Gesamtgewicht des Profils abgezogen und das Ergebnis auf die Anzahl der Schaumstoffkerne bezogen.

Tabelle 16: Daten zu den Infusionsversuchen

Nr.	Anzahl Kerne	Versuchsaufbau	Flächengewicht (g/cm²)
1	1	2 Folien, 2 Angüsse	0,36
2	1	Membran, 2 Angüsse	0,60
3	3	Membran, Umlaufender Anguss	0,58
4	3	Membran, Umlaufender Anguss	0,63

Der Hersteller der Schaumstoffkerne hat Vakuuminfusionsversuche mit einem Polyurethanharz durchgeführt. Die von ihm gemessene Dichte der imprägnierten Platte variiert zwischen 195 kg/m³ und 211 kg/m³. Um die Herstellerwerte mit den eigenen Werten besser vergleichen zu können, wurden diese auf die gleiche Einheit umgerechnet. In Tabelle 17 werden die gemessene Dichte der imprägnierten Platte und die Differenz zur Herstellerangabe dargestellt.

Tabelle 17: Vergleich der gemessenen Dichte des imprägnierten Profils mit den Herstellerangaben

Versuchsnr.	Gemessene Dichte (imprägniert) / kg / m³	Differenz zur Herstellerangabe (Maximalwert) / kg/m³
1	144,8	-66,2
2	240,0	+29,0
3	230,0	+19,0
4	253,2	+42,2

Auffällig ist, dass beim ersten Versuch (2 Folien) das Flächengewicht im Vergleich zu den anderen drei Versuchen (Membran) sehr viel geringer ausfällt. Dies lässt sich mit dem Fließverhalten des Harzes entlang des Weges mit dem kleinsten Fließwiederstand erklären. Erreicht die Harzfront die Absaugung auf einem bestimmten Weg, nimmt das nachfließende Harz bei der zwei – Folien – Infusion den gleichen Weg. Somit werden Stellen die vorher nicht mit Harz benetzt wurden weiterhin imprägniert. Bei der Membran – Infusion kann weiteres Harz in den Schaumstoffkern nachfließen, sodass auch Stellen an denen der Fließwiederstand keinen Minimalwert annimmt imprägniert werden.

Bei den Vakuuminfusionsversuchen mit einer Membran übersteigt die gemessene Profildichte die Herstellerangaben um 10 bis 20 %. Das unterschiedliche Harz und der abweichende Versuchsaufbau können für die Abweichung verantwortlich sein. Da der Hersteller keine weiteren Angaben zu den Versuchen macht, kann über weitere Gründe nur spekuliert werden. Dabei beeinflusst vor allem der Versuchsaufbau, insbesondere die Imprägnierung der Platte mit der Membran- oder mit der Zwei-Folieninfusion, sehr stark das Ergebnis. Zur Kontrolle, ob die ±45° Verstärkungspins im Kerninneren vollständig mit Harz durch-tränkt sind, wurde die infusionierte Platte aufgesägt und visuell begutachtet.

Abbildung 41: Imprägnierte Platte (links) und aufgeschnittene Seitenansicht (rechts)

Abbildung 41 zeigt die imprägnierte Platte des 2. Versuchs als Ganzes und als aufgeschnittene Seitenansicht. Es lässt sich feststellen, dass die Pins im Inneren des Kerns vollständig imprägniert wurden. Das optisch gleiche Bild ergab sich bei den anderen drei Versuchen. Für ein ideales Bauteil muss möglichst viel Harz in die Kanäle mit den Verstärkungspins im Schaumkern fließen. Aus diesem Grund wurden alle Infusionsversuche, mit Ausnahme vom

Ersten, mit einer Membran durchgeführt. Dabei ist bei allen ausreichend Harz in die Kanäle mit den Pins geflossen, sodass auf weitere Versuchsaufbauten, wie z.B. mit zusätzlichen Injektionshilfen im Schaum, verzichtet wurde.

5.1 Werkzeugentwicklung zur kontinuierlichen Imprägnierung

Für die kontinuierliche Imprägnierung wurden Infusionsboxen eingesetzt. Die Funktionsweisen wurden an einem kleineren Demonstratorbauteil theoretisch und experimentell überprüft. Das Demonstratorbauteil wurde nicht mit dem PRTM-Prozess hergestellt sondern mit dem Pultrusionsverfahren im Technikum des FIBRE.

Zur Durchführung der Pultrusionsversuche musste zunächst das Injektionswerkzeug entwickelt, entworfen und gefertigt werden. Die Abmessungen richteten sich nach einem verfügbaren Aushärtewerkzeug und entsprachen etwa der halben Größe des Referenzbauteils. Die Infusionsbox und das Aushärtewerkzeug wurden durch Schraubtechnik miteinander verbunden.

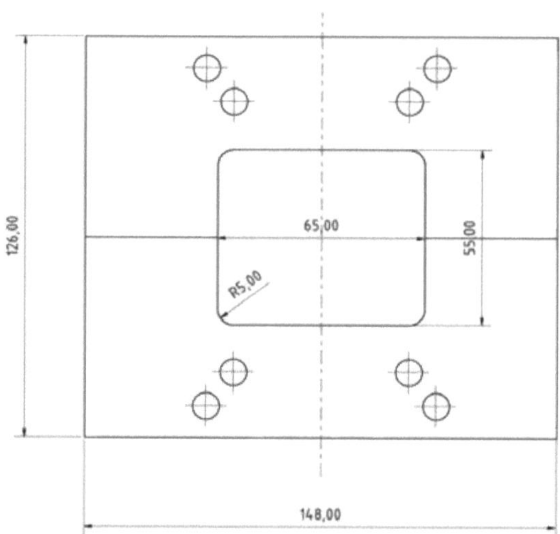

Abbildung 42: Abmessungen des Aushärtewerkzeug für das Demonstratorbauteil

Der erste Entwurf des Injektionswerkzeugs basierte auf zusammengestellten Kriterien. Um einige Prozessparameter vor dem Versuch abzuschätzen, wurde eine Berechnung der Temperaturverteilung im Profil durchgeführt. Daraus konnte bei einer vorgegebenen Temperatur in den einzelnen Heizzonen die maximale Abzugsgeschwindigkeit ermittelt werden.

5.2 Bau eines Versuchswerkzeugs zur kontinuierlichen Imprägnierung

Die grundlegende Geometrie der Injektionsbox orientiert sich, wie beschrieben, an den Abmessungen eines vorhandenen Heizwerkzeuges. Die Injektionsbox hat eine Gesamtlänge von 400 mm und besteht aus zwei Werkzeughälften, die mittels Schrauben miteinander verbunden sind. Die Verbindung zwischen dem Aushärte- und dem Injektionswerkzeug erfolgt ebenfalls mit Schrauben. Um eine sichere Verbindung beider Werkzeuge zu gewährleisten, die Montage zu erleichtern und die Durchbiegung der Injektionsbox an der Verbindungsstelle zur Heizungsbox möglichst klein zu halten, sollte das Eigengewicht des Injektionswerkzeuges gering sein. Aus diesen Gründen fiel die Werkstoffwahl auf eine Aluminiumlegierung. Auf eine Ausrichtung der beiden Werkzeughälften durch Zentrierstifte wurde aufgrund des weicheren Materials und der damit erwarteten plastischen Verformung nach dem ersten Auseinanderbau verzichtet. Damit kein Harz zwischen den Werkzeughälften und der Verbindungsstelle zur Heizungsbox ausläuft, wurde eine Dichtungsnut an den entsprechenden Stellen vorgesehen.

Abbildung 43: Infusionsbox mit 3 Angusskanälen für das Demonstratorbauteil

Aufgrund des nicht zugfesten Schaumstoffkerns musste eine Zughilfe für die Startsequenz verwendet werden. Dazu wurde an einer Profilseite die äußere Gewebelage um ca. 500 mm länger zugeschnitten und mit einem Holzkern kraftschlüssig verbunden. Somit konnte die Kraft über den Holzkern in das Profil übertragen werden. Die letztendliche Kraftübertragung zur Ziehvorrichtung (Puller) erfolgte über einen Gurt, der an einer Gewindestange befestigt war. In Abbildung 44 wird dieses Prinzip der Kraftübertragung dargestellt. Die Infusionsbox und das Aushärtewerkzeug sind in Abbildung 45 dargestellt.

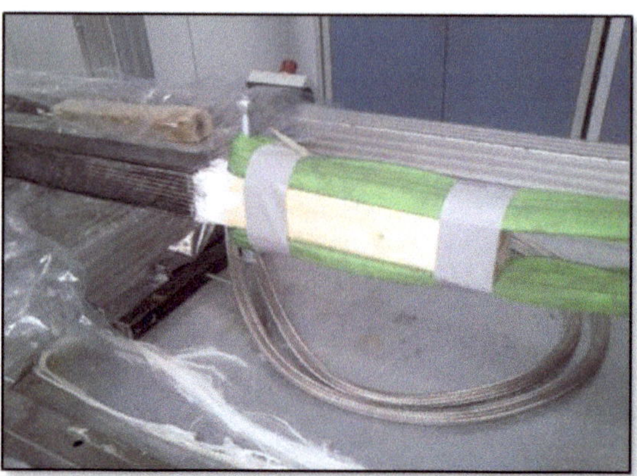

Abbildung 44: Zughilfe für Prozessstart

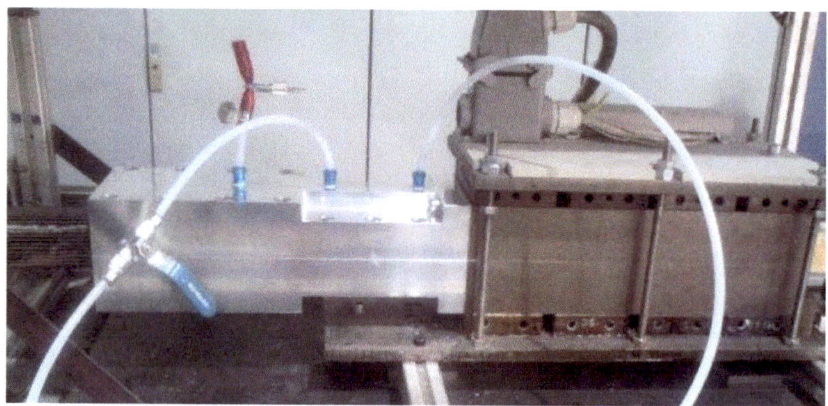

Abbildung 45: Infusionsbox und Aushärtewerkzeug für den Pultrusionsprozess

Mit diesem Aufbau wurden insgesamt zwei Pultrusionsversuche durchgeführt. Dabei wurde zur Ermittlung der optimalen Prozessparameter die Abzugsgeschwindigkeit, die Anzahl der Angüsse und die Temperaturverteilung im Heizungswerkzeug variiert. Weiterhin wurden für die im ersten Versuch festgestellten Probleme Lösungsansätze erarbeitet.

5.3 Prozessanalyse an Demonstratorbauteilen

Am Ende eines jeden Versuchs lag ein Profil von ca. 1,1 m Länge vor. Zunächst wurden die Profile visuell begutachtet und durch Wiegen die zugeführte Harzmenge ermittelt. Abbildung 46 zeigt ein Profilende mit den imprägnierten 90° Verstärkungspins im Schaum.

Sowohl das Textil als auch die Verstärkungspins wurden sehr gut mit Harz imprägniert. An den Profilkanten ist eine leichte Stauchung des Textils erkennbar, die sich mit der manuellen Vorbereitung und Wicklung der Kerne erklären lässt. So mussten beispielsweise die Kantenabrundungen per Hand auf das Profil angebracht werden, sodass sich Formschwankungen in der für das Werkzeug benötigten Geometrie einstellten. Dadurch können beim Ziehen des Profils Hohlräume entstehen, in denen das Textil gestaucht wird. Letzteres würde sich durch ein strafferes und automatisiertes Umwickeln der Kerne vermeiden lassen. Weiterhin sind an einigen Stellen Wölbungen des Textils auf der Profiloberfläche erkennbar. Dies lässt sich ebenfalls mit der zu schwachen Umwicklung und des somit vorhandenen Textilüberschusses begründen. So wird das Textil beim Ziehen des Profils durch das Werkzeug mechanisch belastet, wodurch es zur Faltenbildung kommen kann. Neben dem Textilüberschuss kann auch eine Ausgasung des zur Vorfixierung des Textils genutzten doppelseitigen Klebebands zur Faltenbildung beigetragen haben. Aus diesem Grund und zur Erreichung eines höheren Automatisierungsgrades muss die Vorbereitung bzw. das Umwickeln der Kerne mit einer Preformanlage erfolgen.

Abbildung 46: Erstelltes Demonstratorbauteil mit Schaumkern und C-Faser Textilien

Zur Bewertung der Profilqualität wurden Schliffbilder vom Gewebe und von den Ver-stärkungspins erstellt und die Imprägnierung von diesen beurteilt. Dazu wurde an drei Stellen (Anfang, Mitte, Ende) eine Probe ausgeschnitten, geschliffen, poliert und unter dem Makroskop begutachtet.

Die Aufnahmen an den einzelnen Profilpositionen unterscheiden sich optisch kaum voneinander, sodass exemplarisch ein Schliffbild in Abbildung 47 dargestellt ist. Ersichtlich sind die einzelnen Gewebelagen und der Übergang von diesen in den Pin. Im Kohlenstofffasergewebe lassen sich einige Hohlräume (Lunker) feststellen, die jedoch aufgrund nicht entwichener Luft für ein Pultrusionsverfahren typisch sind. Am Übergang zum Glasfaserpin sind kaum Lunker vorhanden. Größere Lufteinschlüsse treten am Rand des Profils auf. Diese lassen sich vor allem an der Kontaktfläche zweier Gewebelagen feststellen (vgl. Abbildung 48 links).

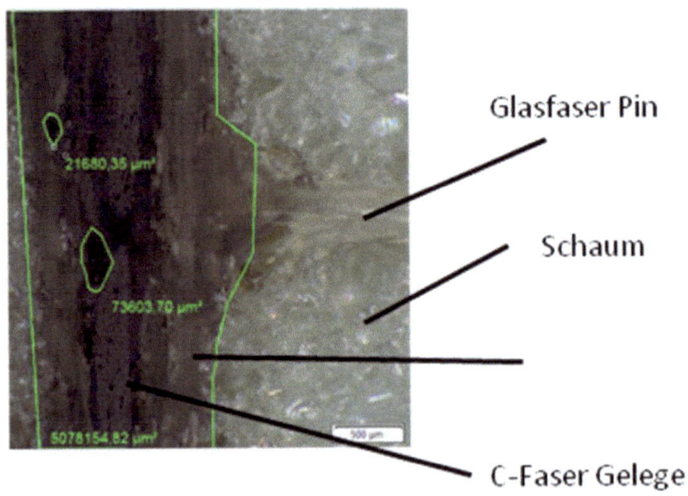

Abbildung 47: Ansicht des Übergangs Schaum C-Faser-Gelege

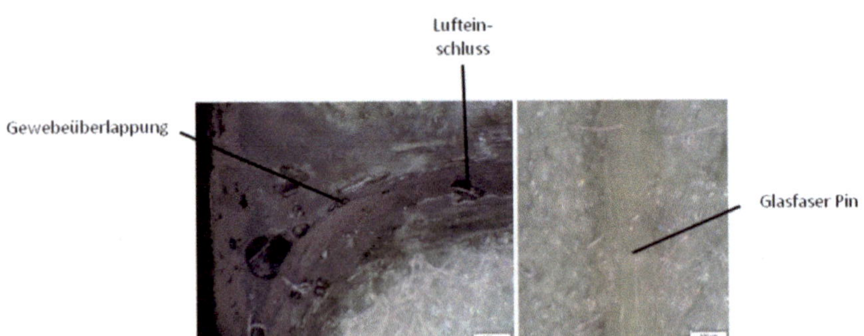

Abbildung 48: Ansicht Gewebeüberlappung und Schaumpin

6. Kontinuierliche Kompaktierung u. Aushärtung (AP4)

Im Anschluss an die kontinuierliche Imprägnierung der Multistegstruktur musste das Harz vorgeliert werden. Die Aushärtung erfolgte dann in der alternierend mitfahrenden RTM-Presse. Um dies zu realisieren mussten für einen kontinuierlich arbeitenden Aushärteprozess solch komplexer Multistegstrukturen neue auf die Sandwichstruktur angepasste Werkzeugsysteme entwickelt und erprobt werden. Es galt die Einstellung eines definierten Faservolumengehalts und eine erreichbare Geometriegenauigkeit, d.h. unter anderem ein Bauteilverzug zu betrachten und Ansätze zur Minimierung dessen zu treffen. Es wurden Werkzeugsysteme entwickelt und umgesetzt, die eine schnelle und homogene Aushärtung durch eine gezielte Wärmeeinbringung ermöglichten, um z.B. auch die innenliegenden Bereiche des Profils ausreichend zu temperieren. Es konnte dafür auf die bestehende Presse der PRTM Anlage zurückgegriffen werden, wobei es galt die bauteilseitigen Formwerkzeuge auf Erfordernisse der Multistegplatten mit pinverstärkten Schaumkernen anzupassen. Auf Grund der komplexen textilen Multisteggeometrie mit Pin- und Schaumverstärkung und deren besonders in Dickenrichtung geringen Wärmeleitfähigkeit mussten neben den Werkzeugsystemen auch geeignete Prozessparameter gefunden werden. Im Anschluss an die RTM-Presse stand ein Nachhärteofen bereit, der je nach Prozessgeschwindigkeit und verwendetem Harzsystem nachträgliches Aushärten und ein Tempern des Multistegprofils ermöglichte. Ziel war die Herstellung von Demonstratorbauteilen an Hand derer eine Bewertung des entwickelten Fertigungsprozesses in Bezug auf eine erreichbare Bauteilqualität erfolgen kann (siehe Arbeitspaket 5).

Innerhalb dieses Arbeitspaketes wurde die gesamte Prozesskette dargestellt und in Versuchen verifiziert.

6.1 Werkzeugentwicklung für Gelierung und kontinuierlichen Aushärtung

Die Abmessungen der Werkzeuge wurden aus den werkstofflichen Vorgaben abgeleitet. Es sollte eine Rechteckstruktur entstehen ohne scharfe Kanten. Hier wurden die Varianten Phase oder Radius, jeweils 10 mm diskutiert. Hierzu mussten die äußeren Schaumlagen in die entsprechende Form gebracht werden. Es wurde davon ausgegangen, dass eine Phase leichter herzustellen sei, jedoch sind die Schäume an den Ober- und Unterseiten mit Glasfaservliesen verbunden. Aus diesem Grund wurden dann entschieden, 10 mm Radien manuell an den Schäumen anzubringen.

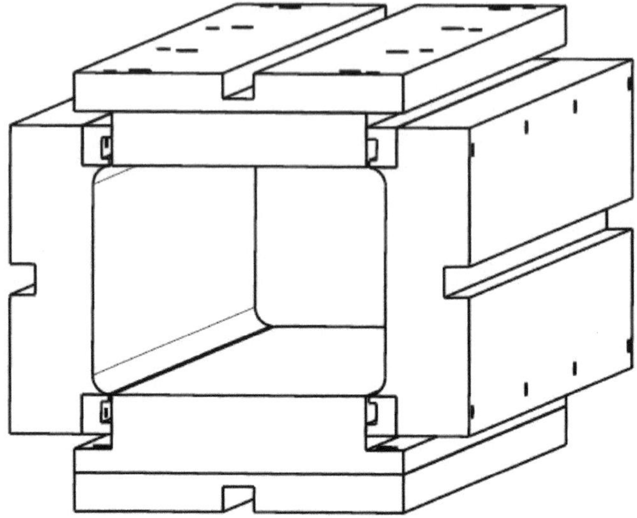

Abbildung 49: vierteiliges Presswerkzeug

7.2 Bau von Werkzeugen zur Gelierung und kontinuierlichen Aushärtung

Die benötigten Werkzeuge Infusionsbox, Gelierwerkzeug und Press/ Aushärtewerkzeug wurden gemäß den Vorgaben von Drittfirmen angefertigt. Zusätzlich mussten noch weitere Anpassungen an die Anlagengegebenheiten vorgenommen werden. Die bestehenden Vorrichtungen für das Aufbringen der Trennfolien musste an die Geometrie des Profils und an das Höhenniveau der Werkzeuge angepasst werden.

Die gelieferte Rollenware war in die geforderten Maße zu trennen und auf Spulen aufzuwickeln.

Um einen kontinuierlichen Prozessstart zu gewährleisten, war eine Zughilfe vorzusehen. Hierzu wurden 3 mal 6 m lange Aluminiumprofile schraubbar miteinander verbunden und durch die gesamte PRTM-Anlage geführt.

6.3 Anlagenaufbau und Durchführung der Versuche

Als Versuchsanlage wurde eine PRTM-Anlage mit Injektionsanlage und Temperofen von der Fa. CTC zur Verfügung gestellt. Die Vorrichtung für das kontinuierliche Preforming sowie die Injektionsbox, das Gelierwerkzeug, das Presswerkzeug und sämtliche Hilfsvorrichtungen wurden vom Antragsteller angeliefert, verbaut. Die Ausrichtung aller eingebauten Komponenten in der Höhen- und Seitenlage sowie die winkelgetreue Anordnung zur Zugebene war zeitintensiv.

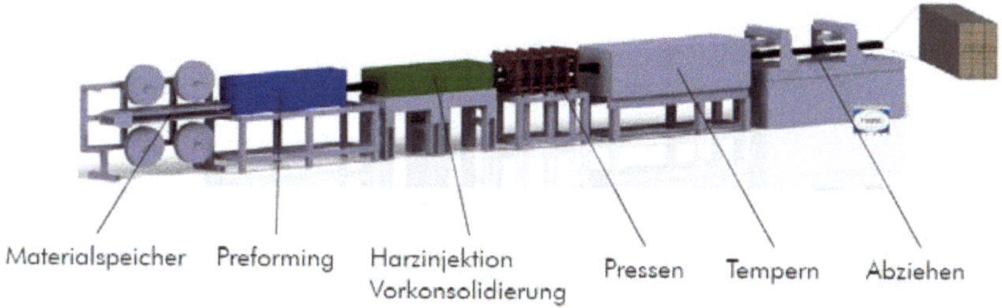

Abbildung 50: Schematische Darstellung der PRTM-Anlage

Die Funktionsfähigkeit der einzelnen Komponenten und deren Abstimmung wurden in Trockenversuchen ermittelt.

Um den Prozess kontinuierlich starten zu können, wurde ein teilbares, 18 m langes Aluminiumgestänge als Zughilfe durch die PRTM-Anlage hindurchgeführt. An der Startposition wurde ein hölzerner Quader angebracht an dem die Schäume und Textilien des Profils fixiert wurden. Die Zugkräfte wurden von den Pullern über die Zughilfen in das Profil übertragen.

Die kontinuierliche Preformanlage wurde mit vorgefertigten und Glasfaserumhüllten Schaumkernen bestückt. Dabei wurden die Stoßstellen jeweils um eine drittel Schaumkernlänge versetzt, um die Unterbrechungsstellen/Schwachstellen in den Schäumen gleichmäßig im Profil zu verteilen. Für die Verbindung der Schaumstöße wurden im Projekt einige Ansätze entwickelt. So hat zum Beispiel ein steckbares Nut/ Feder System ein hohes Potenzial für eine Serienfertigung. Im vorliegenden Fall sind die Schaumelemente mit überdimensionierten Metallkrampen miteinander verbunden worden. Die äußerste Textillage wurde um den gesamten Kernaufbau gewickelt, die Stoßstellen wurden mit thermoplastischem Pulverbinder belegt und anschließend thermisch fixiert.

Abbildung 51: Kontinuierliches Preforming

Nach dieser Vorfixierung fährt das Profil in die Infusionsbox ein. Die Matrix wurde zunächst über zwei Angusskanäle in das Profil eingeleitet. Nach ausreichender Befüllung wurde der erste Angusskanal geschlossen, um den Harzaustritt an der Vorderseite der Infusionsbox einzudämmen.

Abbildung 52: Infusionsbox und Injektionsanlage

In dem der Infusionsbox nachgeschalteten Heizwerkzeug mit konstanter Kavität und 1000 mm Länge wurde die Matrix bei einer Temperatur von ca. 65 °C vorgeliert. Anschließend erfolgte die kontinuierliche Zuführung von Trennfolien. Diese Trennfolien dienten dazu, dass das Profil im nachfolgenden Presswerkzeug nicht anhaftet.

Abbildung 53: Gelierwerkzeug und kontinuierliche Zuführung der Trennfolie

Das vorgelierte Profil mit den aufgebrachten Trennfolien passiert dann die mitlaufende Presse. Der Pressvorgang läuft in den folgenden Schritten ab. Die untere Pressbacke ist starr in der Presse fixiert. Die obere Pressbacke fährt auf den voreingestellten Werkzeugendanschlag auf das Profil nieder. Dann werden die rechte und linke Pressbacke geschlossen. Den Endanschlag stellen die oberen und unteren Pressbacken dar. Überschüssiges Harz sollte durch die konstruktiv vorgesehen Quetschkanten abgeführt werden. Im geschlossenen

Zustand fährt das 1000 mm lange Presswerkzeug 70 mm mit dem Profil mit. Danach öffnen die Pressbacken und das Werkzeug wird mit hoher Geschwindigkeit den 70 mm Fahrweg zurückgestoßen. In der Abbildung ist zu erkennen, dass überschüssiges Harz auch nach hinten abgeführt wird.

Abbildung 54: Diskontinuierliches Pressen in mitlaufender Presse

Nach Prozessende musste das Profil getrennt und aus der Anlage entnommen werden. Es konnte keine Krümmung an den Profilen festgestellt werden, die Oberflächen waren vollständig mit Matrix benetzt (Abbildung 55).

Abbildung 55: Fertiggestellte Multistegplatte

7. Komponentenprüfung (AP5)

Eine erreichbare innere Qualität der kontinuierlich gefertigten Demonstratoren wird überprüft. Es können Faserwelligkeiten und andere Fehlstellen an Hand von Schliffbildern und einer digitalen Bildanalyse identifiziert werden. Darüber hinaus kann der erreichte Faservolumengehalt in verschiedenen Bereichen der Struktur bestimmt werden. Dies ermöglicht einen Rückschluss auf die Qualität der entwickelten Prozesskette.

Eine exemplarische Untersuchung des Impactverhaltens durch Bewertung des Energieaufnahmeverhaltens eines Referenzbauteils zeigt schließlich eine Tauglichkeit der realisierten Multistegplatten mit pinverstärkten Schaumkernen für Crashstrukturen.

Mit Hilfe eines Chrashtestes soll ein seitlicher Pfahlaufprall (Euro NCAP Crashtest) simuliert werden. Durch Messung der Kraft und des Deformationswegs konnte das Impactverhalten des kontinuierlich gefertigten Demonstratorbauteils betrachtet werden.

7.1 Bestimmung der inneren Fertigungsqualität

Die Fertigungsqualität der kontinuierlich gefertigten Demonstratoren war zu untersuchen. Dazu zählen abweichende Faserorientierungen, Faserwelligkeiten, Fehlstellen und Abweichungen der Geometrie. Eine mögliche Porenbildung wurde anhand von Schliffbildern untersucht. Die erreichten Faservolumengehalte wurden in unterschiedlichen Bereichen der Struktur bestimmt.

Eine exemplarische Untersuchung des Impactverhaltens durch Bewertung des Energieaufnahmeverhaltens eines angefertigten Referenzbauteils zeigt schließlich eine Tauglichkeit der realisierten Multistegplatten mit pinverstärkten Schaumkernen für Crashstrukturen.

Zunächst erfolgte eine optische Überprüfung der hergestellten Profile auf Verzug und Ondulation der eingesetzten Fasermatten. Die gefertigten Multistegplatten wiesen keinen Verzug oder Krümmung auf. Die 0°-Lagen der verarbeiteten Textilien weisen keine Abweichungen oder Ondulationen auf. Die 90°-Lagen der Textilien wichen in ihrer Ausrichtung jedoch wesentlich von ihrer Ausgangslage ab. In der nachfolgenden Abbildung sind die Abweichungen der 90°-Lagen schematisch durch rote Linien gekennzeichnet. Die Abweichungen änderten sich nicht über die Gesamtlänge des Profils.

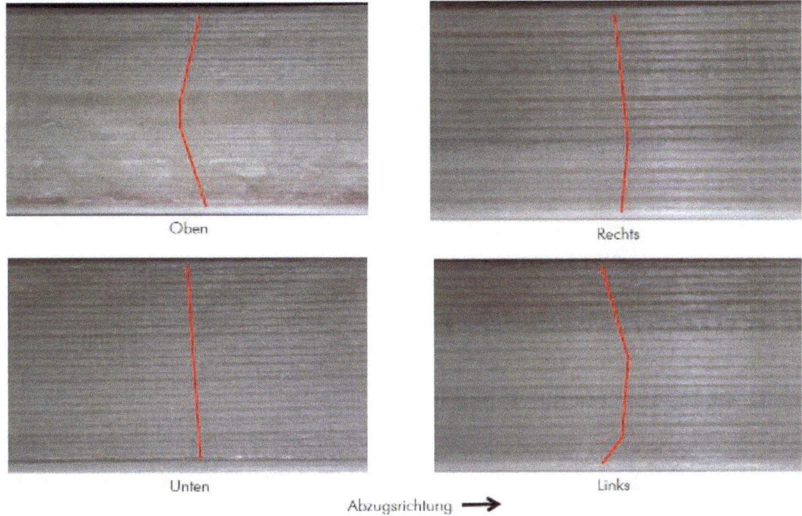

Abbildung 56: Profilumlaufende Abweichungen der 90 Grad Lagen

Wie eine Analyse des Versuches ergab, haben sich Lageabweichungen bereits im Versuchsaufbau eingestellt. Die Textilien wurden an einer Zughilfe befestigt, dabei kam es zu einem ungleichmäßigen Spannungszustand im Textil, die den Verzug verursachten. Hier ist also darauf zu achten, die Orientierung und Ausrichtung der Fasern auf der Zughilfe gemäß den Vorgaben einzuhalten. Eine spätere Korrektur der Ausrichtung ist in dem gewählten Fertigungsablauf nicht mehr möglich.

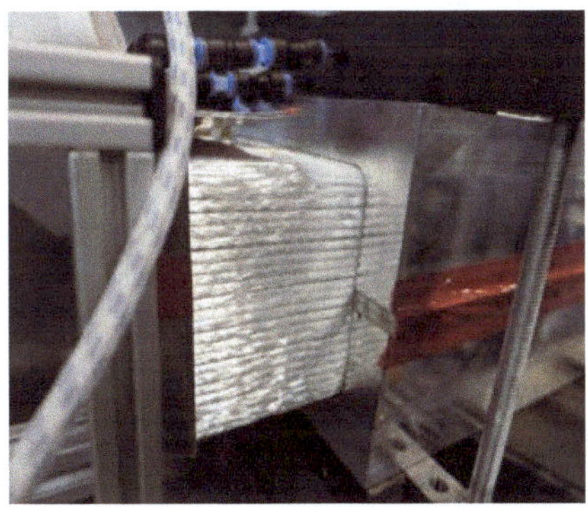

Abbildung 57:Abweichungen der 90°-Lagen im nicht benetzten Zustand

Die Profilgeometrie der Multistegplatten wurde vermessen und mit den Sollmaßen verglichen. Die Position und Maße der abgerundeten Profilecken stimmen mit dem Istmaß des Presswerkzeugs überein. In der Fläche jedoch weichen die Maße deutlich ab. Die Profilhöhe beträgt dort 125,9 mm, 6,9 mm über dem Sollmaß, die Profilbreite beträgt 153,9 mm, 2,4 mm über Sollmaß (siehe Abbildung 58).

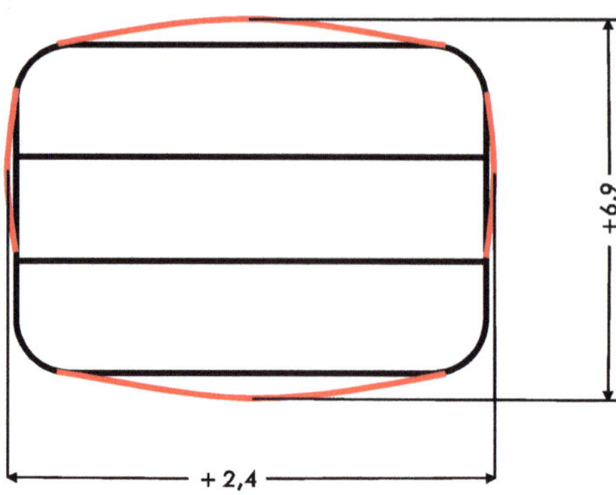

Abbildung 58: Maßabweichung der Multistegplatte (schematisch)

Um die Fertigungsgüte einschätzen zu können, wurden an markanten Stellen der Multisteplatten Schliffproben aus Stegen und Querverbindern herausgeschnitten. Die Proben wurden eingebettet, geschliffen und poliert, um im Mikroskop Hinweise auf die Qualität zu erhalten. Wie in den nachfolgenden Abbildungen zu erkennen ist, sind kleinere Poren zu erkennen, seltener treten jedoch größere Lufteinschlüsse auf. Insgesamt herrschen jedoch Harzreiche Bereiche vor, die Rovings der Textilien sind einzeln gut erkennbar, was auf eine geringe Komprimierung des Verbundes hindeutet.

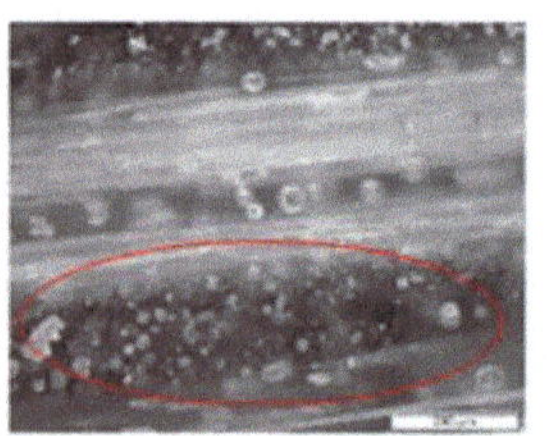

Kleine Lufteinschlüsse

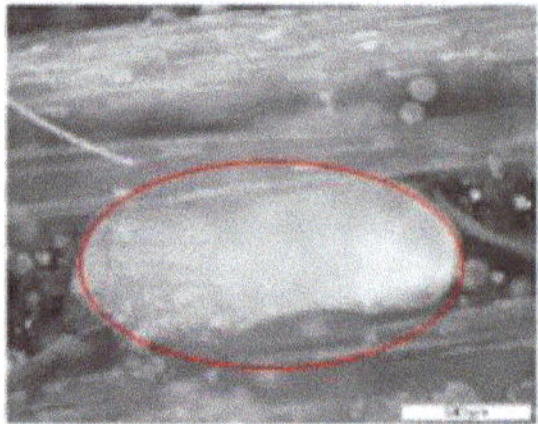

Luftblase

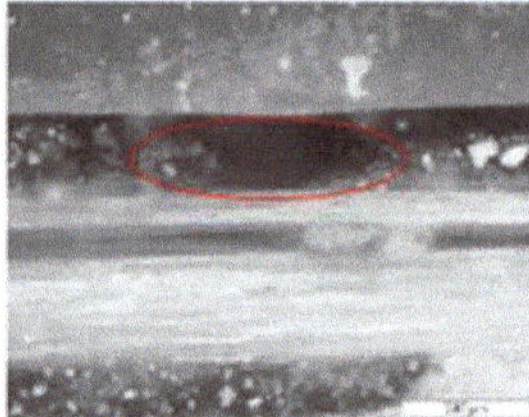

Harznest

Randbereich mit Schaum

Abbildung 59: Schliffbilder Glasfaser-Matrix-Verbunde

Um hier eine eindeutige Aussage treffen zu können, wurden Analysen der Faservolumengehalte an unterschiedlichen Orten in Stegen und Querverbindern vorgenommen. Die Faservolumengehalte in den einzelnen Positionen kann der

Abbildung 60 entnommen werden. Im Zentrum und im Seitenbereich der Multistegplatte liegt der Faservolumengehalt bei ca. 30 %. Im oberen Bereich der Überlappung der Glastextilien sinkt der Faservolumengehalt auf unter 25 % ab.

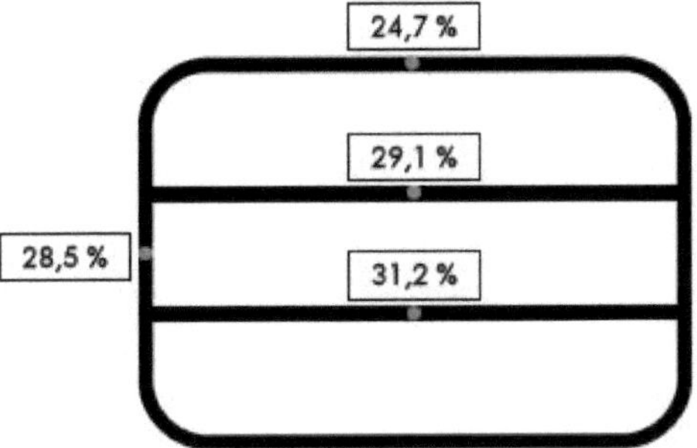

Abbildung 60: schematische Darstellung der Faservolumengehalte nach Position

Ein wesentlicher Hinweis auf die Prozessgüte stellt der Füllgrad der gepinnten Stege im Schaum dar. Nur eine ausreichende Tränkung und Aushärtung der Pins sorgt für die angestrebte Versteifung des Gesamtkonstrukts. Gerade für die mittlere Schaumlage war nicht abschätzbar, ob hier genügend Matrixmaterial für eine vollständige Durchtränkung zur Verfügung stand. Eine mikroskopische Untersuchung war nicht möglich, da eine Probenpräparation durch schleifen und polieren der Pins im Schaum nicht durchführbar ist.

Die Untersuchung des Füllgrades der gepinnten Stege wurde daher mittels µCT vorgenommen. In den folgenden Abbildungen sind eine Röntgenaufnahme sowie eine µCT Darstellung der reinen Glasfasern zu sehen. Teilweise wurden die Glasfaserrovings nicht vollständig durch den Schaumkernen gestoßen, was sich als Schlaufenbildung erkennen lässt.

 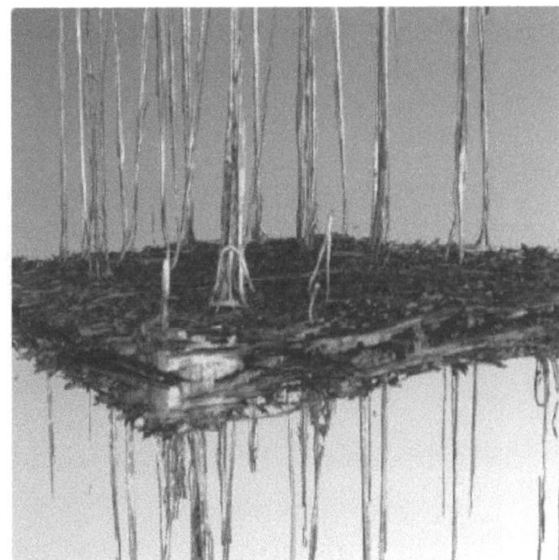

Abbildung 61: Röntgenaufnahme sowie myCT Aufnahme der mittleren Schaumlage

Wird die Matrix mit eingeblendet, so ist eine ungleichmäßige Verteilung der Matrix um die Pins zu erkennen. Dies ist dadurch erklärbar, dass beim Einstechen der Pins unterschiedlich große Gasblasen in den Schäumen geöffnet werden, die dann im Prozess mit Matrix befüllt werden.

Abbildung 62: µCT Aufnahme und Details der Pins mit Matrix, mittlere Schaumlage

In der Abbildung 63 ist eine makroskopische Aufnahme eines getränkten Pins dargestellt. Hier ist gut die Topographie der Schaumöffnungen zu erkennen. Als Fazit kann genannt werden, dass die Durchtränkung der Pin-Stege, auch die der mittleren Schaumlagen, während des Prozesses optimal durchgeführt werden konnte.

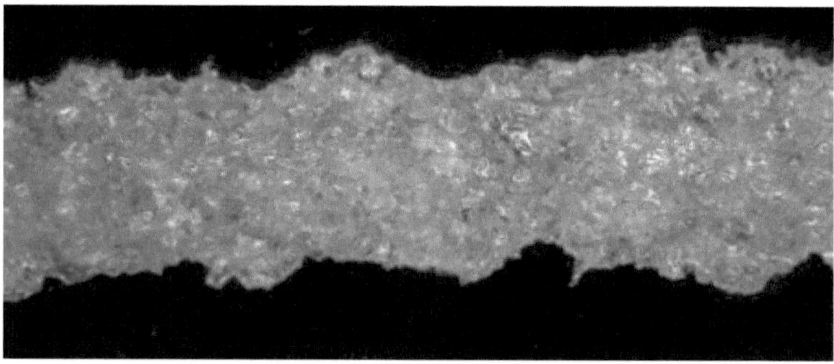

Abbildung 63: Makroskopische Aufnahme eines benetzten Pins

7.2 Impactversuche an Demonstratorbauteilen

In einer ersten Versuchsreihe wurden die spezifischen Arbeitsvermögen der verwendeten, unverstärkten Schäume und der daraus hergestellten Profile geprüft. Die Proben wiesen eine Kantenlänge von ca. 150 mm auf und sie wurden gestaucht bis die Kraft-Weg-Kurven einen Steilanstieg verzeichneten. Für die in diesen Versuchsreihen verwendeten gepinnten, unverstärkten

Abbildung 64: Ermittlung der spezifischen Energieaufnahme an Multistegplatten

Schäume ergab sich eine spezifische Energieaufnahme von 370 J. Die in der Versuchsreihe fertiggestellten Multistegplatten wiesen eine durchschnittliche

(n=5) spezifische Energieaufnahme von 983 J auf. Damit konnte eine Steigerung der Energieaufnahme gegenüber den Schäumen von 260 % erreicht werden.

Des weiteren wurde ein seitlicher Pfahlaufprall (Euro NCAP Crashtest) simuliert. Hierzu wurde eine abgerundete Platte mit hoher Abzugsgeschwindigkeit in 250 mm lange Probenabschnitte der Multistegplatten gefahren. Aus den Kraft-Weg-Kurven konnten das Arbeitsvermögen abgeleitet werden. Es wurden auch Untersuchungen Quer zur Hauptbelastungsrichtung durchgeführt.

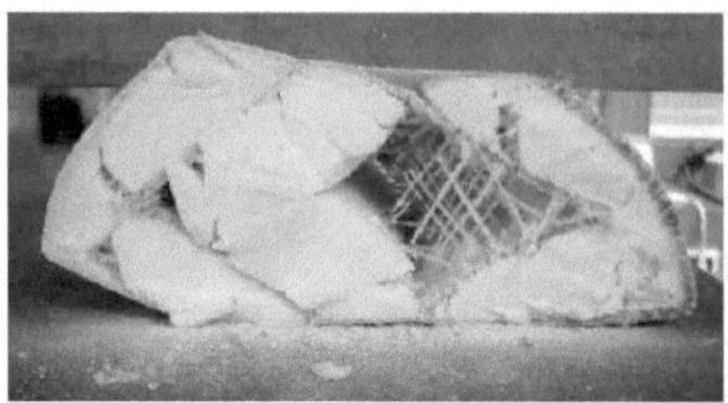

Abbildung 65:   Linienförmige Belastung mit hoher Geschwindigkeit quer und parallel zur Hauptbelastungsrichtung

Eine Vergleichbarkeit mit den Versuchen zur Ermittlung des spezifischen Arbeitsvermögens ist aufgrund der höheren Abzugsgeschwindigkeit und wesentlich linienförmigen Eintragung der Lasten in das Bauteil nicht gegeben. Wird die eingetragene Last auf die Gesamtprobe bezogen, wird hier immer noch eine Energieaufnahme von ca. 750 J erreicht. Quer zur Hauptrichtung wird lediglich ein Energieaufnahme von 114 J erreicht.

7.3 Prozessanalyse

Der PRTM Prozess stellt sich als sicher und stabil heraus. Die Durchtränkung der gepinnten Schäume ist gewährleistet. Die Prozessgeschwindigkeit lässt sich erhöhen indem die Temperaturen in den einzelnen Prozessstufen Harzvorkonsolidierung, Pressen und Tempern erhöht werden. Auch eine Verlängerung der Werkzeuge ermöglicht eine weitere Prozessbeschleunigung. In Abbildung 66 ist die Prozesstemperatur innerhalb der Multistegplatten dargestellt. Sie wurde ermittelt mit Hilfe eines in der Multistegplatte fixierten, mitlaufenden Thermoelements. Der erste Temperaturanstieg nach ca. 10 Minuten wird durch die thermische Fixierung der Gelege hervorgerufen. Der nächste Temperaturanstieg erfolgt in dem Gelierwerkzeug. Die Multistegplatten werden bei einer Temperatur von 200 Grad gepresst. Die Temperatur im Temperofen beträgt ca. 100 Grad. Bei der gewählten Abzugsgeschwindigkeit von 10 cm/min wird das Temperaturgeschehen über eine Länge von 9 m dokumentiert.

Die Abweichungen oder Desorientierung der Faserlagen im ummantelten Textil ist auf die nicht exakte Fixierung der Textilien an der Zughilfe zurückzuführen. Hier können längere Zughilfen und eine präzise Anbringung der Textilien Abhilfe schaffen.

Die Formabweichung und der Harzüberschuss im Profil stellen jedoch ein Problem dar. Im Prozess zeigte sich, dass bei der Verwendung zu dünner Trennfolien das Harz vor dem Presswerkzeug aufstaute und die Folie somit nicht mehr sicher in das Presswerkzeug einlief (Abbildung 67).

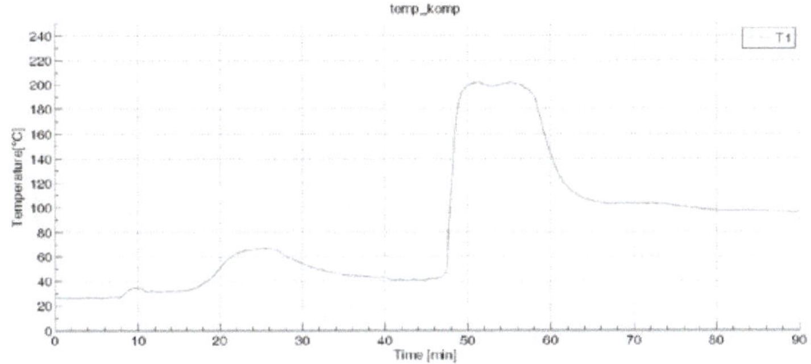

Abbildung 66: Gemessene Prozesstemperatur innerhalb der Multistegplatte

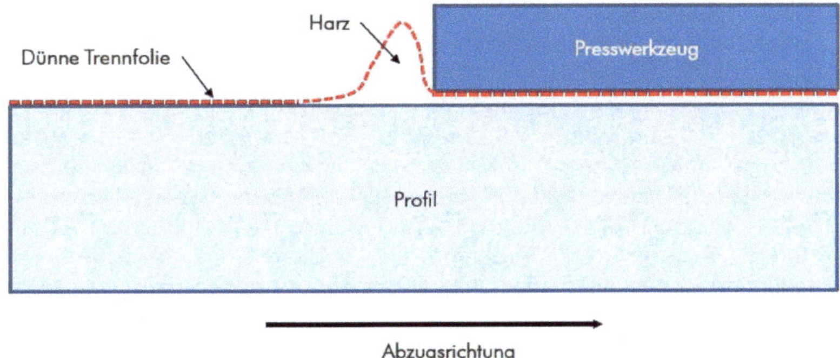

Abbildung 67: Schematische Darstellung des Harzstaus vor dem Presswerkzeug

Bei der Verwendung dickerer und steiferer Trennfolien konnte überschüssiges Harz nicht mehr abgestriffen werden, es wurde mit in den Pressbereich eingebracht. Die dafür vorgesehenen Quetschkanten im Presswerkzeug konnten das überschüssige Harz nicht mehr vollständig abführen. Dies ist vermutlich auf das bereits vorgelierten Harz und der damit verbundenen Viskositätssteigerung zurückzuführen. Eine vorgeschlagene Lösung ist die Kavität des Gelierwerkzeugs noch enger an die des Presswerkzeugs anzupassen.

Durch den hohen Harzanteil wurden die Schäume im Presswerkzeug komprimiert, was nach dem Verlassen des Werkzeugs zu einer Aufweitung des Profils führte. Dies ist möglich, da der Kern des Profils zu diesem Zeitpunkt noch nicht vollständig ausgehärtet ist. Die vollständige Aushärtung findet erst in dem Temperofen statt.

8. Zusammenfassung

Die Herstellung von Faserverbundstrukturen ist geprägt durch häufig manuell bis hin zu teilautomatisierten Prozessen. Dies führt besonders bei geschlossenen mehrwandigen Strukturen zu hohen Fertigungskosten. Fertigungstechnologien wie das Pultrusions-RTM (PRTM) Verfahren bieten die Möglichkeit, multiaxial verstärkte Hochleistungsprofile kontinuierlich herzustellen.

Ziel des Vorhabens KoMP war die Entwicklung einer PRTM-Prozesskette zur kontinuierlichen Herstellung von dreidimensionalen faserverstärkten Multistegplatten mit pinverstärkten Sandwichkernen. Damit sollen zukünftig geschlossene mehrwandige Sandwichstrukturen auf Basis textiler Halbzeuge vollautomatisiert und damit kosteneffizient sowie ressourcenschonend und in hoher Qualität gefertigt werden können. Diese dreidimensionalen Hochleistungsstrukturen können im Schadensfall große Mengen Energie aufnehmen und u.a. als automobile Crashstruktur genutzt werden. Es wird eine Reduktion der Fertigungskosten von 30 % gegenüber konventionellen Prozessen zur Faserverbundherstellung erwartet.

Die Forschungsarbeiten erfolgten am Beispiel einer industrienahen Demonstratorgeometrie. Diese war angelehnt an eine automobile crashgefährdete Seitenschwellerstruktur, die mit Unterstützung des projektbegleitenden Ausschusses (PA) festgelegt wurde. Zur kontinuierlichen Herstellung dieser Multistegstruktur in Faserverbund-Sandwichbauweise mit pinverstärkten Schaumkernen wurde die PRTM-Technologie weiterentwickelt, um den Herausforderungen des komplexen mehrwandigen Profils gerecht zu werden. Im Fokus standen dabei die kontinuierlichen Prozesselemente des Vorformens der trockenen textilen Halbzeuge sowie der Kombination mit einem pinverstärkten Schaum, die Imprägnierung des Faser-Schaum-Preforms sowie im Anschluss daran die Konsolidierung der imprägnierten komplexen Profilstruktur in einer getaktet arbeitenden RTM Presse.

Mit dem beschriebenen Verfahren wurden erfolgreich Demonstratorbauteile gefertigt. Der PRTM Prozess stellte sich als sicher und stabil heraus. Die Durchtränkung der gepinnten Schäume, auch im Innenbereich der Konstruktion, war gewährleistet. Nach eingehender Analyse der Bauteile ergeben sich noch Verbesserungspotenziale bei der Einhaltung des Faservolumengehaltes und der Formstabilität. Die spezifische Energieaufnahme der Multistegplatten konnte gegenüber unverstärkten Schäumen mehr als verdoppelt werden.

Mit der entwickelten Prozesskette lassen sich zukünftig erstmals hochbelastbare Multistegprofile mit zusätzlichen Verstärkungselementen wie pinverstärkten Schaumkernen kontinuierlich verarbeitet. Um eine Anwendung dieser Strukturen als Energieabsorber im Crashfall zu evaluieren, wurden neben weiteren mechanischen Untersuchungen, Crashversuche an Demonstratoren durchgeführt.

Durch den vorgestellten neuartigen Fertigungsprozess können Faserverbund-multistegstrukturen mit pinverstärkten Schaumkernen und einem hohen Energieaufnahmevermögen kontinuierlich und somit kosteneffizient hergestellt werden. Diese lassen sich als Crashstrukturen, u.a. im Automobilbau als Insassenschutz verwenden. Durch besonders leichte Faserverbund strukturen in Sandwichbauweise lässt sich über den gesamten Produktlebenszyklus der Energieverbrauch reduzieren und damit der CO_2 Ausstoß verringern.

8.1 Arbeitspakete Soll/Ist Vergleich

AP Nr.	Arbeitspakete	
	Geplant	**Umgesetzt**
1.	**Definition Referenzstruktur und Materialien**	
1.1	Festlegung einer Referenzbauteilgeometrie	Wurde Anhand der Materialdaten ausgeführt
1.2	Materialauswahl und -spezifikation	Schäume, MAG und Matrix wurden ausgewählt
1.3	Thermische Werkstoff- und Prozessauslegung	Wurde mittels NASTRAN IN-CAD simuliert
2.	**Kontinuierliche Preformherstellung**	
2.1	Werkzeugentwicklung zum kontinuierlichen Preforming von pinverstärkten Multistegplatten mit Schaumverstärkung	Konzepte für Referenzgeometrie vorgelegt. Preformstrategien mit Integration der Schäume entwickelt. Preformmethode ausgewählt, umgesetzt und getestet.
2.2	Bau eines Preformingdemonstrators	Wurde am FIBRE durchgeführt und in Betrieb genommen
2.3	Prozessanalyse an Demonstratorbauteilen	Untersuchung und Beurteilung der Proben und Verfahren durchgeführt
3.	**Kontinuierliche Imprägnierung**	
3.1	Werkzeugentwicklung zur kontinuierlichen Imprägnierung einer pinverstärkten Multisteg-Sandwichstruktur	Voruntersuchungen zur Infiltration von Schäumen und Gelegen. Entwicklung von Konzepten für Infusionsboxen. Vorversuche zur Infusion. Entwicklung der finalen Infusionsbox.
3.2	Bau eines Versuchswerkzeug zur kontinuierlichen Imprägnierung	Anhand der erstellten CAD-Daten extern ausgeführt
3.3	Prozessanalyse an Demonstratorbauteilen	Untersuchung und Analyse des Imprägnierverhaltens von Multistegplatten durchgeführt
4.	**Kontinuierl. Kompaktierung u. Aushärtung**	
4.1	Werkzeugentwicklung zur kontinuierlichen Aushärtung einer pinverstärkten Multisteg-Sandwichstruktur	Umsetzung der Konzepte Wärmeeintrag in komplexe Sandwichstrukturen, Überprüfung des Wärmeeintrags in die Struktur
4.2	Bau eines Versuchswerkzeug zur kontinuierlichen Aushärtung	Anhand der erstellten CAD-Daten extern ausgeführt
4.3	Prozessanalyse an Demonstratorbauteilen	Inbetriebnahme der gesamten Prozesskette, Durchführung der Versuche, Abschätzung möglicher Fehlerquellen
5.	**Komponentenprüfung**	
5.1	Bestimmung einer inneren Fertigungsqualität	Masshaltigkeit, Ondulation wurde geprüft. Schliffbilder wurden ausgewertet, Faservolumengehalte bestimmt. Strukturanalyse mittels µCT
5.2	Impactversuche an Seitenschweller Prototyp	Bestimmung des spez. Arbeitsvermögens, Chrashversuche
6.	**Berichterstellung/ Dokumentation**	
6.1	Berichterstellung/ Dokumentation	Abgeschlossen

Der Einsatz eines wissenschaftlichen Mitarbeiters (22,8 PM) war erforderlich, um den Projektfortschritt zu gewährleisten. Zu den Aufgaben gehörten Informationsbeschaffung zur Spezifikation der Multistegplatten, Auswahl geeigneter Materialien, Versuchsplanung, Betreuung von Vor- und Hauptversuchen zum Preforming, Infusion, Vorgelierung und Aushärtung sowie deren Auswertung, Koordination aller Tätigkeiten sowie Vorbereitung und Leitung der PbA-Sitzungen. Der Einsatz des technischen Personals (14,5 PM) war zur Anlagenbedienung, Versuchsdurchführung und Charakterisierung der Material- und Demonstratoreigenschaften im Projekt erforderlich. Studentische Mitarbeiter/-innen haben das Personal bei einfachen Aufgaben unterstützt um Kosten einzusparen. Die Arbeiten sind in Zeitdauer und Sinnhaftigkeit dem vorgegebenen Arbeitsplan angemessen. Der Personaleinsatz war demzufolge notwendig und angemessen. Die Gerätebeschaffung in Höhe von 19.175,- € war erforderlich, um die PRTM-Versuche durchführen zu können.

9. Ergebnistransfer in die Wirtschaft

Mit den Mitgliedern des Projektbegleitenden Ausschusses wurden die neuartigen Sandwichverstärkten Multistegstrukturen mit Pinverstärkung und deren kontinuierliche Herstellung über technische Gesichtspunkte hinaus diskutiert. Es wurden Maßnahmen vor dem Hintergrund einer späteren Vermarktung neuartiger Produkte und einer industriellen Umsetzung diskutiert. Insbesondere kamen hier positive Impulse aus Partnern der Automobilindustrie und deren Zulieferer.

Unterstützt wurde das Projekt von sowohl in der Herstellung von textilen Halbzeugen erfahrenen Unternehmen wie GUSTAV GERSTER GmbH, SAERTEX GmbH, SGL KÜMPERS GmbH und TEXMIND UG als auch im (Pultrusions-) Anlagenbau erfahrenen Unternehmen wie THOMAS GmbH, TARTLER GmbH und AUGUST HERZOG Maschinenfabrik GmbH. Im Hinblick auf eine mögliche Zielanwendung im Automobilbereich fand eine Unterstützung durch erfahrene Partner der Automobilindustrie wie KIRCHHOFF Automotive, SGL KÜMPERS GmbH und HONDA Europe statt. Die Bereitstellung neu entwickelter und auf das Projekt abgestimmter Materialien erfolgte mit dem Ziel eines breiten Anwendungsfeldes auf Basis der in diesem Projekt erzielten Ergebnisse. Der Austausch von Erkenntnissen über die Prozesskette und die Verarbeitung erfolgte im direkten Kontakt mit Anlagen- und Textilmaschinenherstellern sowie Experten für Automatisierungssysteme und Automobilexperten und –zulieferern. Die Umsetzung der Vermarktung der Ergebnisse in neue Anlagentechniken ist aber derzeit noch nicht absehbar. Das Interesse der KMU lag wesentlich in der Verbesserung von Produkten durch einen innovativen Lösungsansatz, in der Ausweitung des Produktportfolios und der Erschließung neuer Märkte.

Die technischen Ergebnisse des Projektes wurden von den Mitgliedern des Projektbegleitenden Ausschusses sehr positiv bewertet. Mit dem hier gezeigten Verfahren ist es zukünftig möglich, Hochleistungsbauteile aus FVK mit einem hohen Automatisierungsgrad herzustellen und dabei integrale Crash-relevante Strukturen zu gewährleisten. Aussagen zur direkten und zeitnahen Umsetzung des Verfahrens in Produkten des Automobilbaus waren vorsichtig optimistisch. Dazu ist das Verfahren und deren Ergebnisse den Entscheidungsträgern in der Automobilindustrie weiter näher zu bringen. Direkt dazu werden noch Veröffentlichungen der Ergebnisse in der Automobilfachzeitschrift „Konstruktion & Entwicklung" und „Lightweight Design" erfolgen.

Darüber hinaus sind zusammenfassende Ergebnisse des Projektes auf der Homepage des FIBRE abrufbar, Schlussberichte werden vorgehalten. Eine weitere Verbreitung und Diskussionen der Ergebnisse erfolgt auf Fachtagungen z.B. dem 14. Innovation Day "Kontinuierliche Profilfertigung" und Seminaren. Über die Ausstellung des Funktionsdemonstrators auf Messen wird der direkte Kontakt zu möglichen Kunden gesucht und die Vermarktung vorangetrieben. Die Ergebnisse finden auch umgehend Eingang in die Vorlesung „Technologie der Faserverbundwerkstoffe" an der Universität Bremen.

   Schlussbericht KoMP   Faserinstitut Bremen

Transferaktivitäten Tabellarische Darstellung

	Zeitraum	Maßnahme	Ziel / Bemerkung
Während der Laufzeit	halbjährlich	Beratung mit den Mitgliedern des Projektbegleitenden Ausschuss	Informations- und Ergebnisaustausch über den Fortschrittsbericht, Abstimmung der Aktivitäten
	halbjährlich	Bachelor- und Masterarbeiten	Heranführen von Studenten an selbstständiges wissenschaftliches Arbeiten zu projektbezogenen Themen
	Ab 2015	Vorträge auf Symposien	Darstellung der aktuellen Ergebnisse und Diskussion • Aachen-Dresden Textil-Tagung • Composite Europe • World Pultrusion Conference
	Ab 2015	Internettauftritt	Veröffentlichung des Projektes und der erzielten Ergebnisse auf der Homepage der Forschungsstelle
	31.05.2016	Ausstellungen auf Messen	Ergebnistransfer in die Wirtschaft • 14. Innovation Day "Kontinuierliche Profilfertigung"
	2016	Abschlussbericht	• Anwenderorientierte Aufbereitung der Ergebnisse inklusive der Veröffentlichung der Verarbeitungsparameter, Bauteileigenschaften und Bauteilbeispiele
Nach der Laufzeit	Nov. 2016	Veröffentlichungen in Fachzeitschriften	Ergebnistransfer in die Wissenschaft und Wirtschaft • „Konstruktion & Entwicklung" • „Lightweight Design" • „Textiltechnik" (Melliand Textilberichte)
	Ab 2016	Ausstellung von Demonstratoren in der Forschungsstelle	• Ergebnistransfer in die Wissenschaft und Wirtschaft; Demonstration der leichten Umsetzbarkeit und Nähe zu Produkten
	Ab 2016	Ausstellungen auf Messen	Ergebnistransfer in die Wirtschaft • JEC Paris • World Pultrusion Conference
	Ab 2016	Weiterbildung und Akademische Ausbildung	Verwendung der Ergebnisse in: • Vorlesungen des Faserinstitutes an der Universität Bremen • Qualifizierung Faserverbundkunststoff-Praktiker/in
	Ab 2016	Beratung von interessierten Unternehmen	Schnelle Umsetzung, Beratung von KMU's als Zulieferer für die Automobil- und Luftfahrtbranche

10. Wissenschaftlich-technischer und wirtschaftlicher Nutzen der erzielten Ergebnisse

Die Projektergebnisse brachten den Nachweis der Eignung dieses neuen kontinuierlichen Fertigungsverfahrens für Hochleistungsanwendungen. Somit können komplexe textile Multistegstrukturen typische Metallbauteile ersetzen und das Leichtbaupotenzial von FVK im Maschinen-, Fahrzeug- und Flugzeugbau für z. B. Seitenschweller, Elemente des PKW Fahrgastkäfig oder weitere Crash relevante Strukturen nutzen. Die Bauteile basieren auf vollautomatisiert gefertigten Halbzeugen und weisen ein geringes Gewicht bei gleichzeitig hohem Energieabsorptionsvermögen auf. KMUs werden mit dieser Technologie mittelfristig in die Lage versetzt, anforderungsgerechte Hochleistungpreforms mit pinverstärkten Schaumkernen in Kombination mit einer entsprechenden Anlagentechnik für eine Großserienproduktion z.B. im Automobilbau anzubieten. Mit der vorgestellten kontinuierlichen PRTM Prozesskette erfolgte eine Verlagerung in der Wertschöpfungskette hin zum textilen Preform. Es können nun produktspezifische Halbzeuge mit einer kraftflussgerechten Faserarchitektur und einer zusätzlichen Verstärkung von Sandwichkernen mit Pins kontinuierlich und kosteneffizient verarbeitet werden.

Eine Reduktion der Produktionskosten für FV-Bauteile kann somit eine Ausweitung von technischen Textilien auf eine Vielzahl weiterer Bauteile z.B. in der Automobilindustrie und anderen Industriezweigen ermöglichen. Die Entwicklung der kontinuierlichen Prozesskette für Multistegplatten wird technische Textilien als ein zentrales Standbein einer primär auf KMU basierenden Branche zusätzlich sichern und erweitern. Mit Hilfe der kontinuierlich arbeitenden und kosteneffizienten Prozesskette kann dieses Potenzial mittelfristig durch KMU genutzt werden.

Mit der vorliegenden Veröffentlichung der Forschungsergebnisse wird eine wachsende Nachfrage nach technischen Textilien in der Textilindustrie, sowie einer gesteigerten Nachfrage nach Anlagentechnik zur kontinuierlichen Verarbeitung von Faserverbundstrukturen besonders bei KMU erwartet.

Das spezifische Arbeitsvermögen von mit Hilfe des PRTM Verfahrens hergestellten Multistegplatten mit pinverstärkten Schaumkernen wird gegenüber unverstärkten Schäumen mehr als verdoppelt. Die Verarbeitung bauteilspezifischer Preforms, welche zusätzlich zu den Verstärkungsfasern mit pinverstärkten Sandwichkernen ausgestattet sind, ermöglicht eine kontinuierlich arbeitende Prozesskette. Es lassen sich höhere Produktionsgeschwindigkeiten erzielen, so dass neue Anwendungen für Faserverbundbauteile ermöglicht werden. Mit dem hohen Leichtbaupotenzial und der Möglichkeit zur Eigenschaftsoptimierung können Multistegprofile in Bereichen eingesetzt werden, die heute von metallischen Werkstoffen dominiert werden.

- Durch die steigende Nachfrage nach Leichtbaulösungen im Fahrzeugbau wird bereits jetzt der Anteil an Faserverbundbauteilen in der Gesamtstruktur erhöht. Mit den Forschungsergebnissen ist eine Ausweitung auf weitere Bauteile möglich.
- Im Flugzeugbau können Primär- und Sekundärstrukturen, beispielsweise Crash relevante Streben, Bodenelemente (z. B. Hubschrauber) oder integrale Schalenstrukturen des Rumpfs aus Sandwichverstärkten Multistegstrukturen gefertigt werden und metallische Strukturbauteile substituieren.

Mit Hilfe der im Projekt gewonnenen Ergebnisse ist ein breiterer Anwendungsbereich von FVK-Bauteilen für Hochleistungsprodukte zu erwarten. Ein effizienter Werkstoffeinsatz und eine schnelle, automatisierte PRTM Prozesskette ermöglichen leistungsfähigere Produkte mit geringeren Herstellungskosten im Vergleich zu verbreiteten Fertigungsverfahren. Dies fördert den Einsatz technischer Textilien und festigt damit die Marktposition von Herstellern, Verarbeitern, Zulieferern und Endanwendern.

Die dargestellte Prozesskette und die möglichen Produkte weisen insgesamt mehrere Vorteile gegenüber konventionellen Technologien auf:

- Eine wirtschaftlich effiziente und kontinuierliche Fertigung von FVW. Häufig manuell geprägte Prozessketten können substituiert werden.
- Belastungsgerechte dreidimensionale textile Multistegsysteme, die aus wirtschaftlich herstellbaren Halbzeugen erzeugt werden und metallische Strukturen ersetzen können.
- Eine Pinverstärkung sorgt zusätzlich für eine maßgeschneiderte Ausrichtung der Verstärkungsfasern und einer verbesserten Anbindung der Decklagen, was wiederum eine optimale Anpassung an die Bauteilbelastungen gewährleistet.
- Kurze Zykluszeiten ermöglichen eine Umsetzung von Leichtbaukonzepten für ein breites Anwendungsfeld. Die neuen Produkte zeichnen sich dabei durch geringeres Gewicht, erhöhte Leistungsfähigkeit und reduzierten Energieverbrauch im Betrieb aus.

Laut dem Verband der Automobilindustrie (VDA) werden CFK-Bauteile in Zukunft eine zunehmend größere Bedeutung in der Automobilproduktion gewinnen, so dass eine deutliche Steigerung des CFK-Volumens zu erwarten ist. Ein industrieller Einsatz komplexer integraler Faserverbundstrukturen, die über aktuell gefertigte Schalenbauweisen oder offene Profile deutlich hinausgehen, wird in den kommenden Jahren erwartet. Wirtschaftliche und technische Erfolgsaussichten werden daher bei Realisierung einer kontinuierlichen Fertigung von Multistegplatten mit pinverstärkten Schaumkernen durch die Mitglieder des Projektbegleitenden Ausschusses als sehr gut bezeichnet.

Nach Projektende kann eine Weiterentwicklung der Anlagen- und Steuerungstechnik (z.B. Integration von nicht zerstörenden Prüfverfahren in der Fertigungslinie) gepaart mit optimierten Werkzeugsystemen und einer kontinuierlichen Bereitstellung und Abtransport von Materialien und Bauteilen in einen Serienprozess übertragen werden. Ein solcher Ergebnistransfer für eine kostengünstige Leichtbauserienlösung kann innerhalb von zwei bis drei Jahren nach Projektende erfolgen.

Die zusätzlich für eine Umsetzung erforderlichen Qualitätssicherungskonzepte werden von der durchführenden Forschungsstelle bereits in laufenden Projekten für verwandte Verfahren entwickelt. Die verschiedenen Konzepte einer Online-Überwachung können so schnell auf das hier beschriebene PRTM-Verfahren überführt und bereits während der Projektlaufzeit analysiert und bewertet werden. Die hohe Nachfrage für Leichtbaulösungen zur Energieeinsparung unter anderem aus der Automobilindustrie, der Luftfahrt und dem Maschinenbau führen dazu, dass eine industrielle Umsetzung der neuartigen Produktionslinie in drei bis vier Jahren erfolgen kann.

11.   Literaturverzeichnis

[ABO10]   Abounaim, M.: Process development for the manufacturing of flat
knitted innovative 3D spacer fabrics for high performance
composite applications. Technische Universität Dresden. Fakultät
Maschinenwesen, Dresden, 2010

[ALG00]   Alghamdi, A.A.A.: Collapsible impact energy absorbers: an
Overview. Elsevier. Thin-Walled Structures 39, S. 189–213, 2000

[BAN01]   Bannister, M.: Challenges for composites into the next millennium a
reinforcement perspective. Composites Part A: Applied Science
and Manufacturing 32, Nr. 7, S. 901-910, 2001

[BÄU12]   Bäumer, R.; Haase, W.; Mielert, F.; Ocanto, L.; Schmid, F.:
Entwicklung leichter Profile und Bauteile aus faserverstärkten
Kunststoffen für Anwendungen in der textilen Gebäudehülle und
der Fenstertechnik (PROFAKU). Abschlussbericht.
Forschungsinitiative Zukunft Bau., 2012

[BER]   Bergner, A.: Faserverbundkonstruktion. Vorlesungsunterlagen. TU
Chemnitz

[BER03]   Berenberg, B.: Manufacturers Welcome New Reinforcement
Forms. Composite Technology. Article - URL:
http://www.compositesworld.com/articles/manufacturers-welcome-
new-reinforcement-forms, 2003

[BER05]   Berger, N.: Entwicklung einer Anlage zur kontinuierlichen
Herstellung von Preformlingen aus Faserverbundwerkstoffen mit
veränderlichen Geometrien. Diplomarbeit. Faserinstitut Bremen.
e.V. 2005

[BMU12]   Bundesministerium für Umwelt, Naturschutz und Reaktorsicherheit
(BMU) - URL: http://www.bmu.de, 2012

[CAS05]   Casari, P.: Characterization of Novel K-COR Sandwich Structures.
Sandwich Structures 7 - Advancing with Sandwich Structures and
Materials, 2005

[CTC]   Composite Technology Center (CTC) GmbH, Stade. - URL:
http://www.ctc-gmbh.com/

[EBE12]   Ebert Composites Corp.: Transonite Sandwich Panels -URL:
http://016794a.netsolhost.com/transonite.html, 2012

[EPP11]   Eppel, K.: Vorlesungsskript Leichtbauwerkstoffe. TU Darmstadt,
2011

[FER09]   Feraboli, P.; Wade, B.; Deleo, F.; Rassaian, M.: Crush energy
absorption of composite channel section specimens. Elsrevier.
Composites: Part A 40, S. 1248–1256, 2009

[FER10]   Feraboli, P.; Deleo, F.; Wade, B.; Rassaian, M.; Higgins, M; Byar,
A.;
Reggiani, M.; Bonfatti, A.; DeOto, L.; Masini, A.: Predictive
modeling of an energy-absorbing sandwich structural concept using
the building block approach. Elsevier. Composites Part A 41, S.
774-786, 2010

[FLE96]   Flemming, M., Ziegmann, G., Roth, S.: Faserverbundbauweisen :
Halbzeuge und Bauweisen, Springer-Verlag, Berlin: 1996

[FKT12]   Forschungskuratorium Textill -URL: http://www.textilforschung.de, 2012

[GEI08]   Geier, N.: Geometrische und mechanische Auswirkungen nachgelagerter Konsolidierungsprozesse bzw. Umgebungsbedingungen auf gekrümmte Faserverbundprofile. Diplomarbeit. Faserinstitut Bremen e.V., 2008

[GTM12]   Gesamtverband der deutschen Textil- und Modeindustrie e.V. - URL: http://www.textil-mode.de/, 2012

[HEN10]   Henao, A.; Carrera, M.; Miravete, A.; Castejón, L.: Mechanical performance of through-thickness tufted sandwich structures. Composite Structures 92, S. 2052-2059, 2010

[HER03]   Herrmann, A. S.: Produktionstechnik – Ein Weg zur Massenproduktion von CFK-Leichtbaustrukturen, 9. Chemnitzer Textilmaschinentagung, Chemnitz, 2003

[HOR12]   Hornbogen, E.; Eggeler, G.; Werner, E.: *Werkstoffe.* Heidelberg : Springer-Verlag, Berlin 2012

[JAC02]   Jacob, G.C.; Fellers, J.F.; Simunovic, S.; Starbuck, J.M.: Energy Absorption in Polymer Composites for Automotive Crashworthiness. Journal of Composite Materials, S. 36-813, 2002

[JAN09]   Wen-Yea Jang, W.-J.; Kyriakides, S.: On the crushing of aluminum open-cell foams: Part I. Experiments. Elsevier. International Journal of Solids and Structures. Volume 46. S. 617-634, 2009

[KBA12]   Kraftfahrt-Bundesamt - URL: http://www.kba.de, 2012

[KIM02]   Kim, H.-S.: New extruded multi-cell aluminum profile for maximum crash energy absorption and weight efficiency. Elsrevier. Thin-Walled Structures 40, S. 311-327, 2002

[LAU05]   Laurin, F.; Vizzini, A. J.: Energy Absorption of Sandwich Panels with Composite-Reinforced Foam Core. Journal of Sandwich Structures and Materials, 2005

[LAS06]   Lascoup, B.; Aboura, Z.; Khellil, K.; Benzeggagh, M.: On the mechanical effect of stitch addition in sandwich panel. Composite Science and Technology 66, S. 1385-1398, 2006

[LAS10]   Lascoup, B.; Aboura, Z.; Khellil, K.; Benzeggagh, M.: Impact response of three-dimensional stitched sandwich composite. Composite Structures 92, S. 347-353, 2010

[LON09]   Long, D.; Guiqiong, J: Indentation study of Z-pin reinforced polymer foam core sandwich structures. Composites: Part A 40, S. 822-829, 2009

[MIE10]   Miesbauer, M.: Verfahren zur kontinuierlichen Herstellung von querschnittveränderlichen Faserverbund Profilen. Diplomarbeit. Faserinstitut Bremen e.V., 2010

[MOU99]   Mouritz, A.P.; Bannister, M.K.; Falzon, P.J.; Leong, K.H.: Review of applications for advanced three-dimensional textile composites. Composites Part A: Applied science and manufacturing 30, Nr. 12, S. 1445-1461, 1999

[NHT98]   National Highway Traffic Safety Administration. Department of Transportation: 49 CFR Parts 571. Federal Motor Vehicle Safety Standards. Head Impact Protection, 1998

[NCA12]   European New Car Assessment Programme (Euro NCAP): Pole
            Side Impact. Description Test Criteria. - URL:
            http://www.euroncap.com/Content-Web-Page/90769bbc-bb74-
            4129-a046-e586550c3ece/pole-side-impact.aspx, 2012
[POT03]   Potluri, P.; Kusak, E.; Reddy, T. Y.: Novel stitch-bonded sandwich
            composite structures. Composite Structures 59, S. 251-259, 2003
[PUR08]   Purol, H.: Continuous Production of Curved Composite Profiles for
            Aircraft Applications. Vortrag. 9th World Pultrusion Conference,
            2008
[PUR11]   Purol, H.: Entwicklung kontinuierlicher Preformverfahren zur
            Herstellung gekrümmter CFK-Versteifungsprofile. Science-Report
            aus dem Faserinstitut Bremen. Universität Bremen. Logos Verlag,
            Berlin: 2011

[SAD84]   Sadeghi, M.M.: Design of heavy duty energy absorbers. Structural
            impact and crashworthiness. New York: Elsevier, 1984
[SAN98]   Santosa, S.; Wierzbicki, T.: Crash behavior of box columns filled
            with aluminum honeycomb or foam. Pergamon. Computers and
            Structures 68, S. 343-367, 1998
[SCH06]   Schiebel, P., Herrmann, A. S., Eberth, U.:
            Hochleistungsverbundbauteile auf Basis textiler Halbzeuge -
            Herausforderungen und Entwicklungen., 33. Aachener
            Textiltagung, 2006
[SCH07]   Schlarb, A.,K.: Verbundwerkstoffe mit Kunststoffmatrix im
            Automobil - Stand und Entwicklungspotenziale. Institut für
            Verbundwerkstoffe GmbH. Kaiserslautern, 2007
[SFB11]   Finanzierungsantrag des Sonderforschungsbereich 639.
            Textilverstärkte Verbundkomponenten für funktionsintegrierte
            Mischbausweisen bei komplexen Leichtbauanwendungen.
            Technische Universität Dresden, 2011
[SHA07]   Shahbeyk, S.; Petrinic, N.; Vafai, A.: Numerical modelling of
            dynamically loaded metal foam-filled square columns. Elsevier.
            International Journal of Impact Engineering. Volume 24 S. 573-586,
            2007
[SMI12]   Smith, B.H.; Szyniszewski, S.; Hajjar, J.F.; Schafer, B.W.; Arwade,
            S.R.: Steel foam for structures: A review of applications,
            manufacturing and material properties. Elsevier. Journal of
            Constructional Steel Research. Volume 71, 2012
[STA00]   Starr, T. F.: Pultrusion for Engineers, Woodhead Publishing Ltd:
            Abington Cambridge, 2000
[STA01]   Stanley, L.E.: Development and Evaluation of Stitched Sandwich
            Panels. NASA/CR-2001-211025, 2001
[VNT12]   Verband der Nordwestdeutschen Textil- und Bekleidungsindustrie.
            - URL: http://www.textil-bekleidung.de/, 2012
[WAN10]   Wang, B.; Wu, L.; Jin, X.; Du, S.; Sun, Y.; Ma, L.: Experimental
            investigation of 3D sandwich structures with core reinforced by
            composite columns. Materials and Designs 21, S. 158-165, 2010